迷你造型配件縫製手冊

*** 袖珍小包&時尚小帽 ***

関口妙子 著

Contents

All Items Index

本書刊載的袖珍時尚配件創作。

包包

作品範例 p16、p25
作法 p26　紙型 p66

作品範例 p9
作法 p32　紙型 p66

作品範例 p39
作法 p40　紙型 p67

作品範例 p7、p14
作法 p68　紙型 p68

作品範例 p12、p13
作法 p68　紙型 p69

作品範例 p10、p11
作法 p73　紙型 p73

帽子

作品範例 p16
作法 p46　紙型 p74

作品範例 p6、p15
作法 p52　紙型 p75

作品範例 p16
作法 p76　紙型 p76

作品範例 p15
作法 p77　紙型 p77

作品範例 p7、p8
作法 p82　紙型 p82

作品範例 p22、p23
作法 p83　紙型 p83

作品範例 p22、p23
作法 p83　紙型 p83

作品範例 p17
作法 p84　紙型 p84

作品範例 p16、p17
作法 p85　紙型 p85

作品範例 p20、p21
作法 p69　紙型 p70

作品範例 p20
作法 p69　紙型 p70

作品範例 p7、p19
作法 p70　紙型 p71

作品範例 p24
作法 p71　紙型 p71

作品範例 p7
作法 p72　紙型 p72

其他小配件

作品範例 p10、p15
作法 p78　紙型 p78

作品範例 p14、p15
作法 p79　紙型 p79

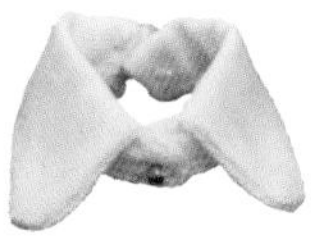

作品範例 p16
作法 p56　紙型 p80

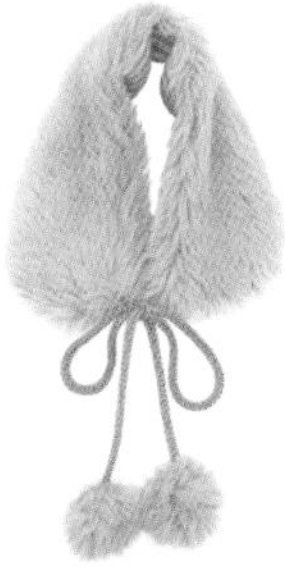

作品範例 p20、p21
作法 p59　紙型 p80

作品範例 p16
作法 p81　紙型 p81

作品範例 p6、p15
作法 p86　紙型 p86

作品範例 p6、p15
作法 p87　紙型 p87

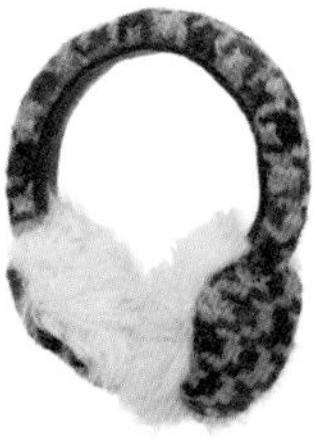

作品範例 p18、p19
作法 p88　紙型 p88

作品範例 p19、p64
作法 p88　紙型 p89

針織帽：作法 p52、紙型 p75
絨球圍巾：作法&紙型 p86
手套：作法&紙型 p87

（左上）麂皮束口包：作法&紙型 p72　假領片：作法 p56、紙型 p80　（右上）編織肩背包：作法 p70、紙型 p71
（左下）簡易小包：作法&紙型 p68　（右下）靴套：作法&紙型 p82

靴套：作法&紙型 p82

波士頓包：作法 p32、紙型 p66

郵差包：作法&紙型 p73　帽簷針織帽：作法&紙型 p78

2way 波士頓包：作法 p68、紙型 p69

海軍帽：作法&紙型 p79　簡易小包：作法&紙型 p68

（左上）費多拉帽：作法&紙型 p77　（右上）帽簷針織帽：作法&紙型 p78　（左下）針織帽：作法 p52、紙型 p75
絨球圍巾：作法&紙型 p86　手套：作法&紙型 p87　（右下）海軍帽：作法&紙型 p79

（左上）針織遮耳帽：作法&紙型 p76　脖圍：作法&紙型 p81　（右上）海灘遮陽帽：作法 p46、紙型 p74
附內袋托特包：作法 p26、紙型 p66　（左下）假領片：作法 p56、紙型 p80　（右下）領結：作法&紙型 p85

領結：作法&紙型 p85　領帶：作法&紙型 p84

耳罩：作法&紙型 p88

耳罩：作法&紙型 p88　連帽披巾：作法 p88、紙型 p89　編織肩背包：作法 p70、紙型 p71

V. MANDERS
The Studio
HOE STREET
WALTHAMSTOW

絨毛圍巾：作法 p59、紙型 p80　鏈帶小提包：作法 p69、紙型 p70

水手假領片：作法&紙型 p83

蝴蝶結小提包：作法&紙型 p71

第一章

包包

附內袋托特包的作法 紙型p66

粗針亞麻布、布襯・・・各 11cm×9cm
內袋用布料・・・11cm×9cm
提把用 3mm 寬合成皮帶・・・24cm
莉莉安編織線・・・適量
裝飾用圓珠・・・4 顆

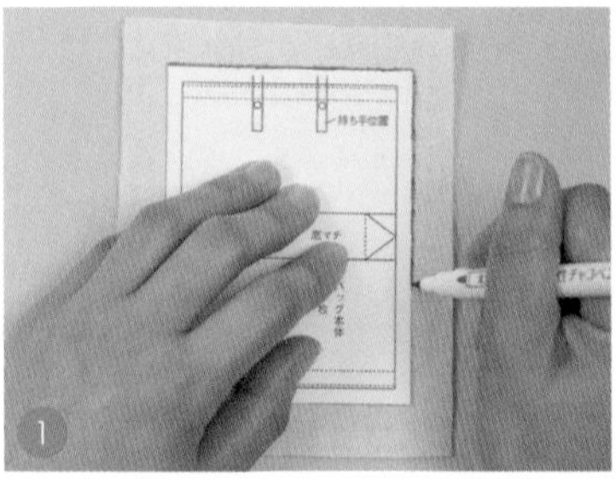

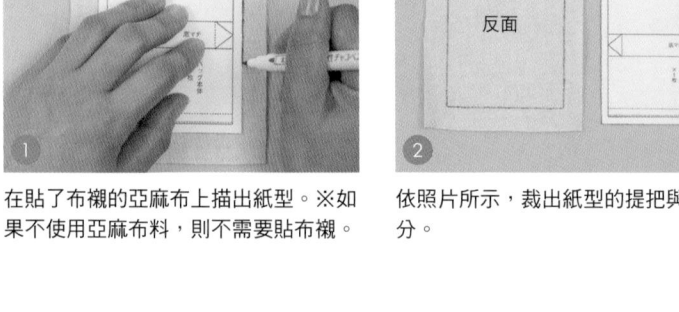

在貼了布襯的亞麻布上描出紙型。※如果不使用亞麻布料，則不需要貼布襯。

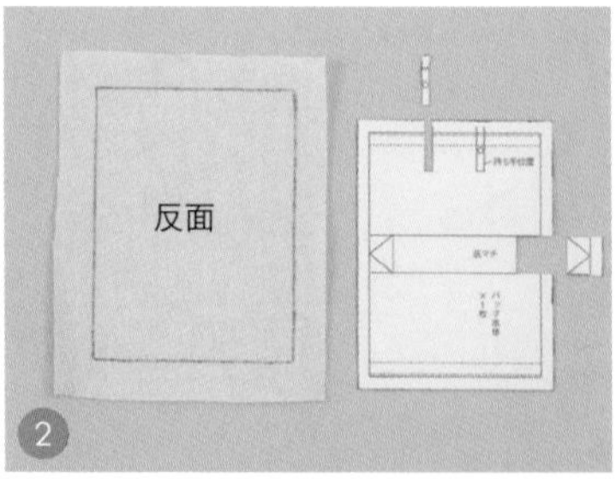
反面

依照片所示，裁出紙型的提把與底寬部分。

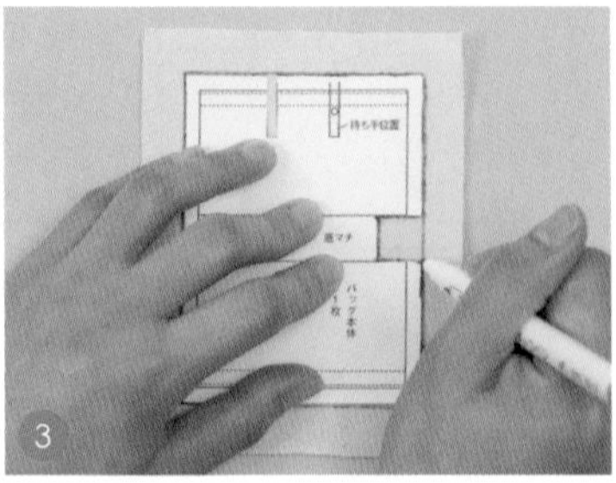

再次沿著紙型描出底寬部分。

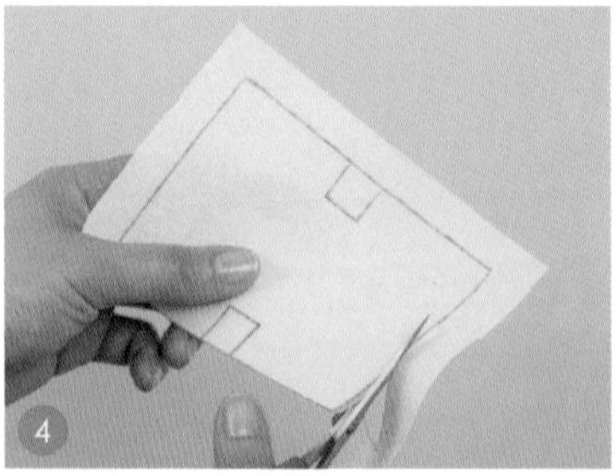

剪裁布料。

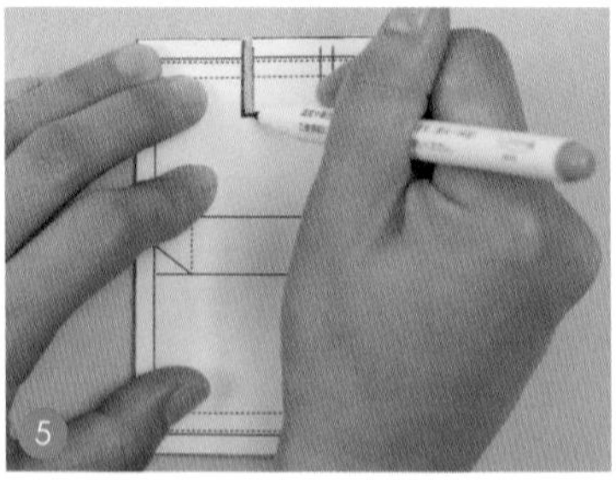

在裁好的布料正面，描出提把位置記號。

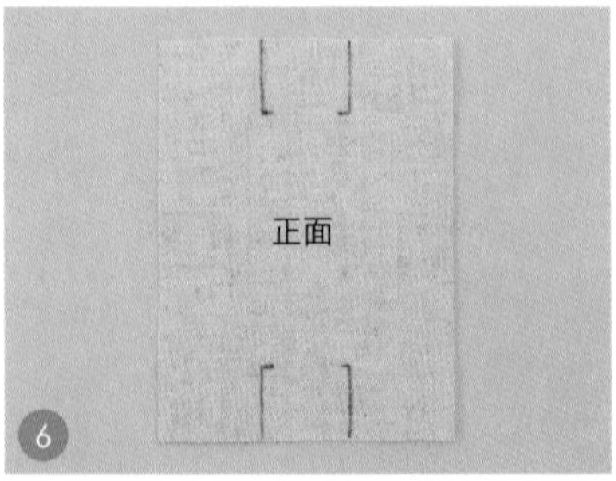
正面

描好的樣子。

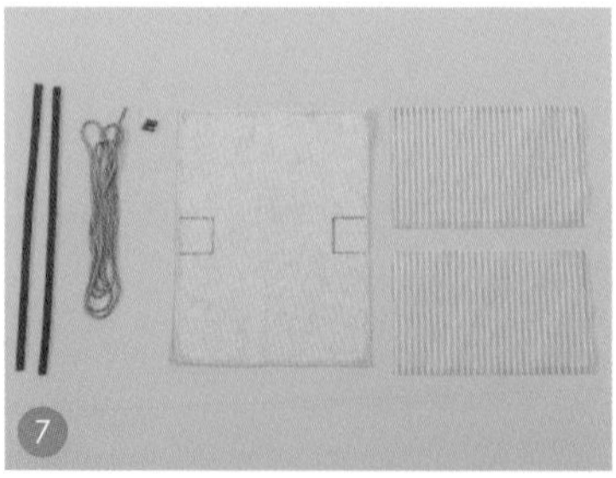

描繪剪下的內袋布料，與亞麻布部件，都需塗上防綻液。用於提把的合成皮各剪下 12cm。

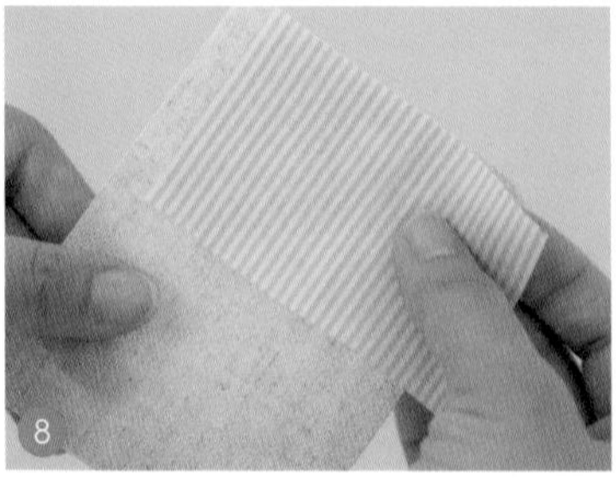

內袋布料正面重疊在亞麻布的袋口處。

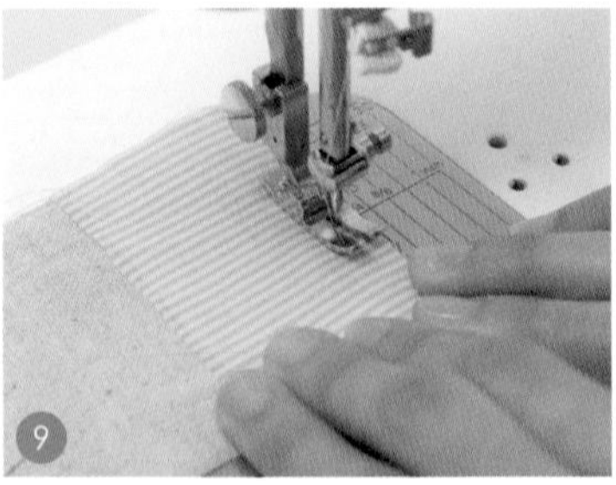

用縫紉機縫合。

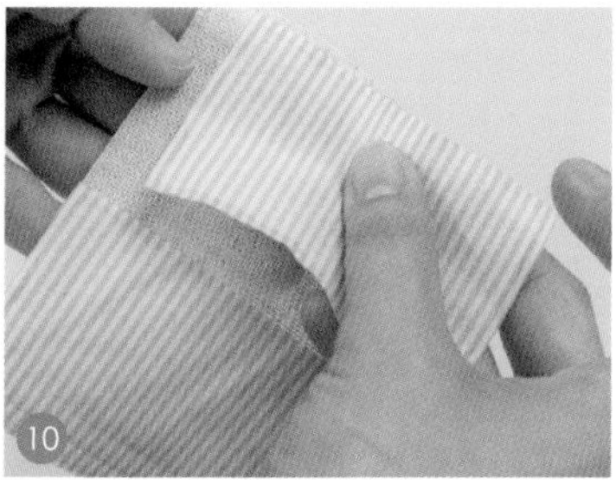
10

另一邊也以相同方式重疊縫合。

11

用熨斗將縫份往亞麻布熨壓。

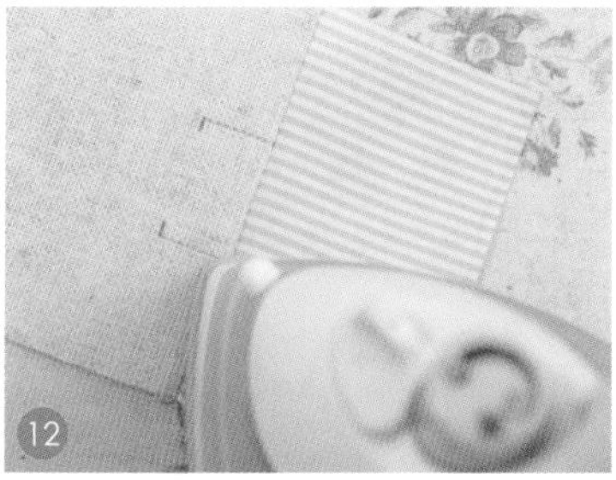
12

正面也用熨斗熨燙平整。

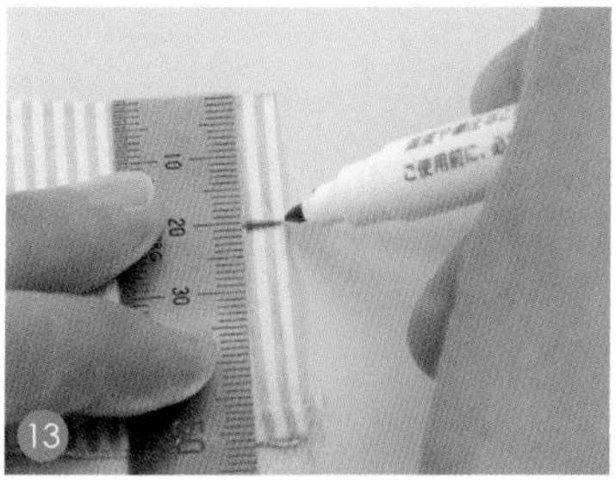
13

內袋袋口標註縫線止點記號。

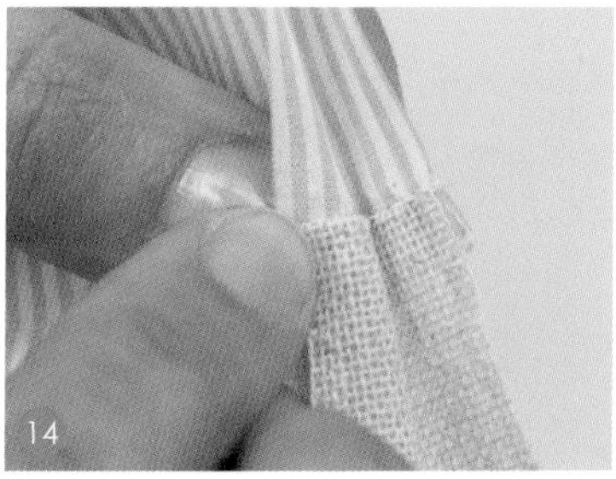
14

從中心對折，接合處對齊重疊。

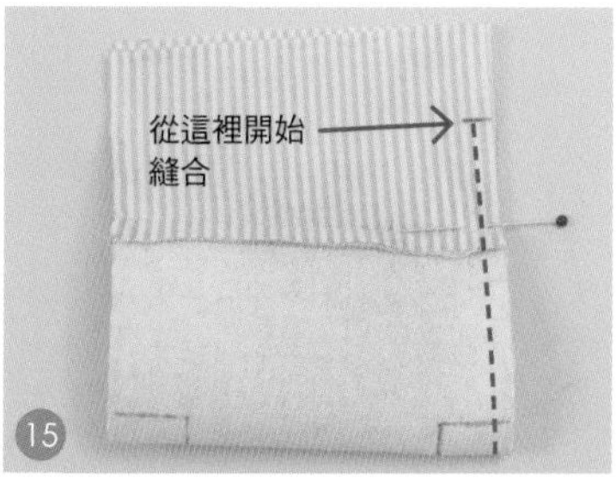
從這裡開始
縫合
15

用珠針固定，以免布料偏移。

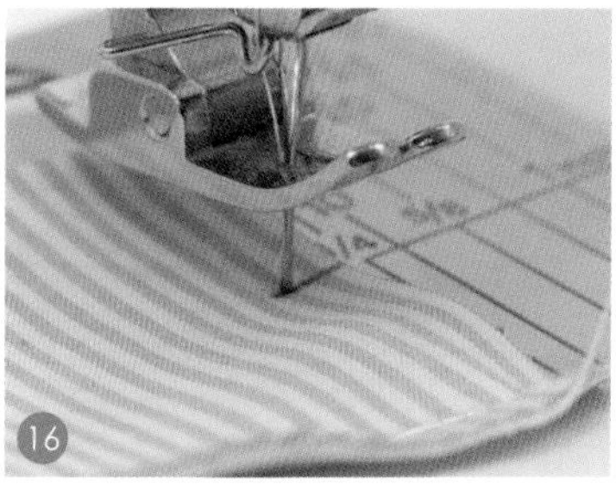
16

從記號處下針縫合。

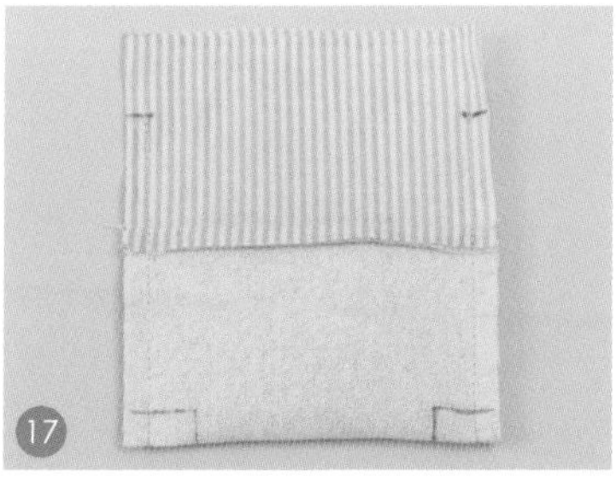
17

縫合完成的樣子。

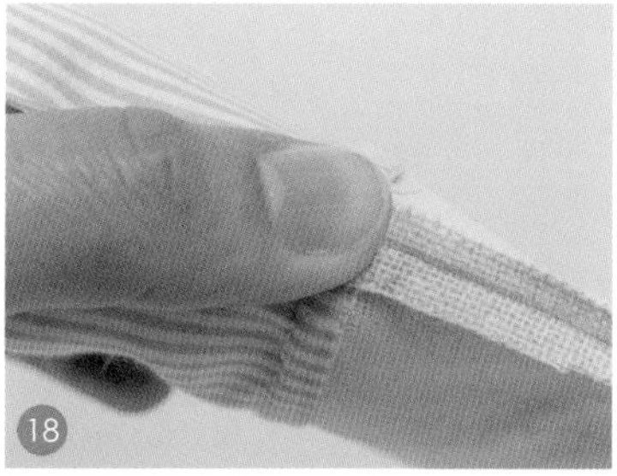
18

打開側邊縫份。

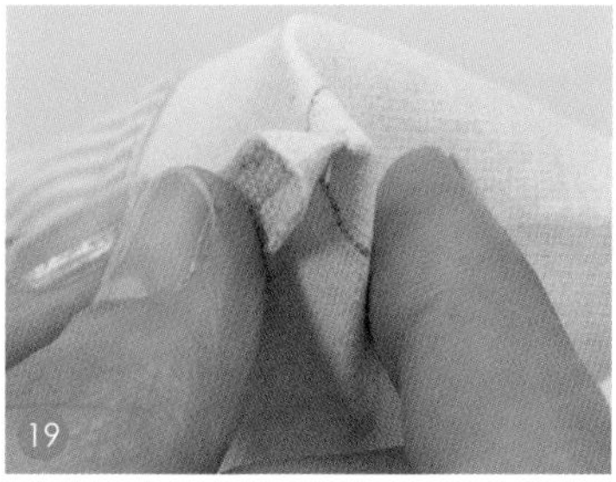
19

將底寬記號處壓平，邊角壓成一個三角形。

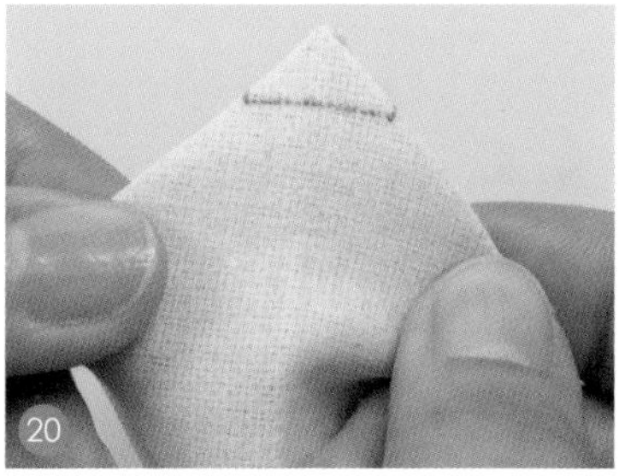
20

底寬標註有縫合線，沿這條線縫合。

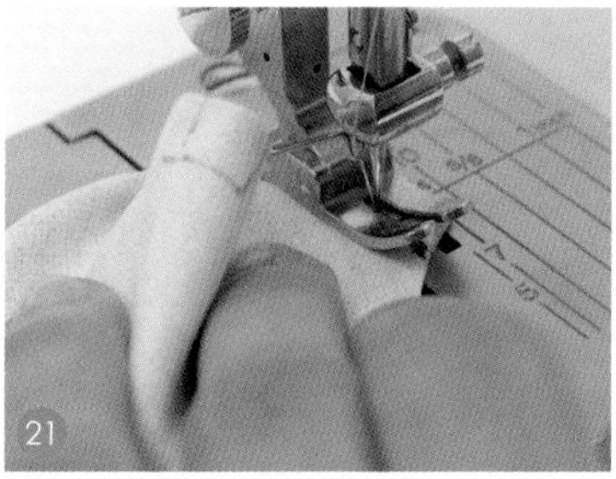
21

打開反面的縫份，在縫紉機上縫線。

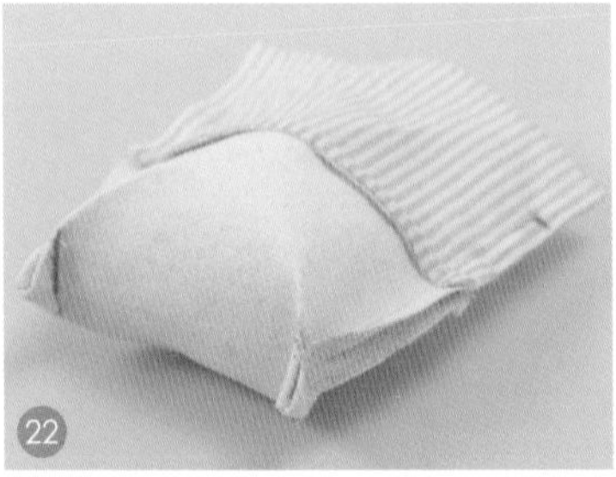
22

底寬縫好的樣子。

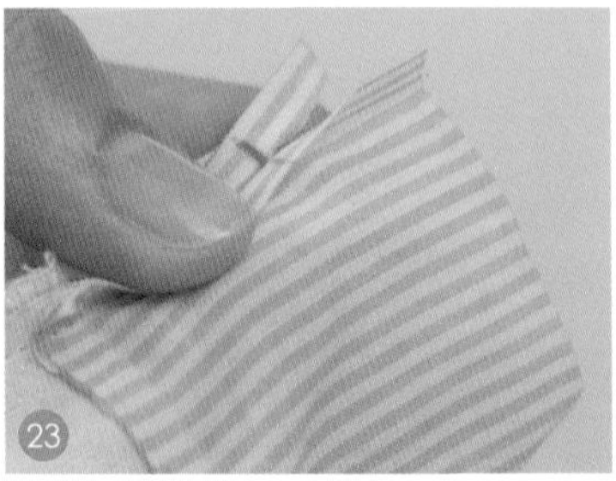
23

打開內袋開岔處的縫份。

24

用熨斗壓熨。

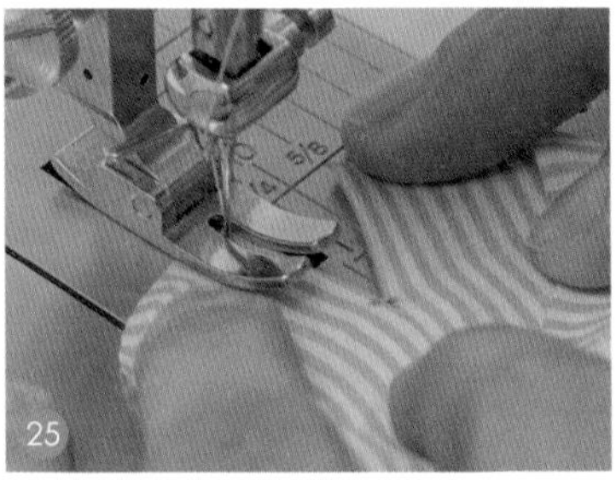
25

用縫紉機縫成一個ㄈ字。

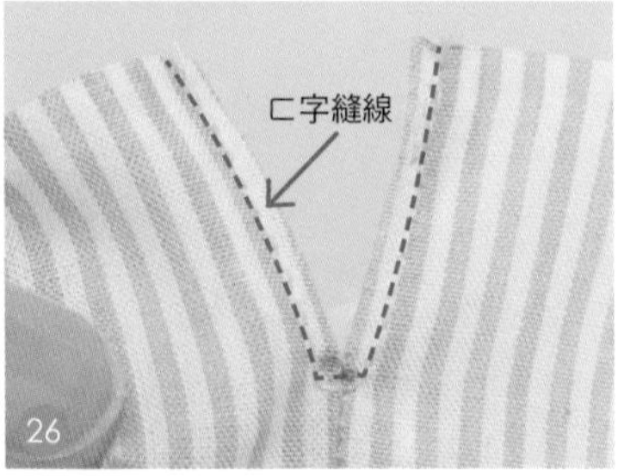
ㄈ字縫線
26

如圖示般縫上縫線。

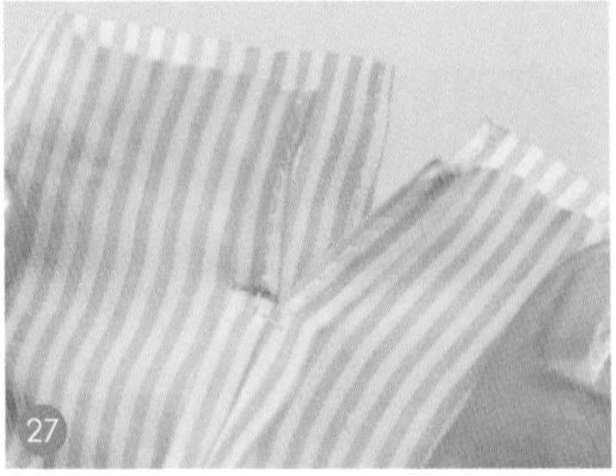
27

另一邊也以相同方式縫線。

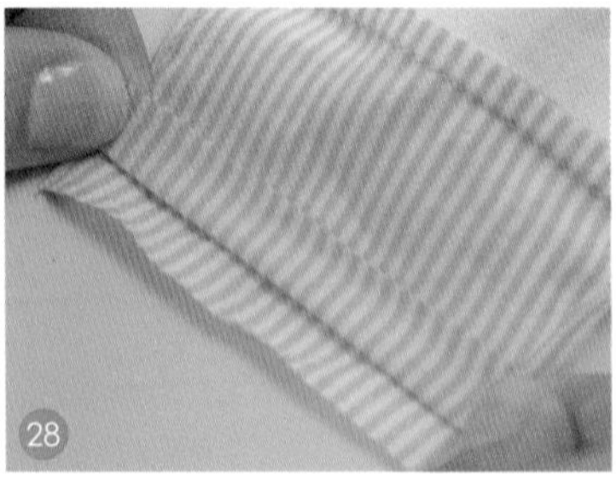
28

內袋袋口縫份往內折。

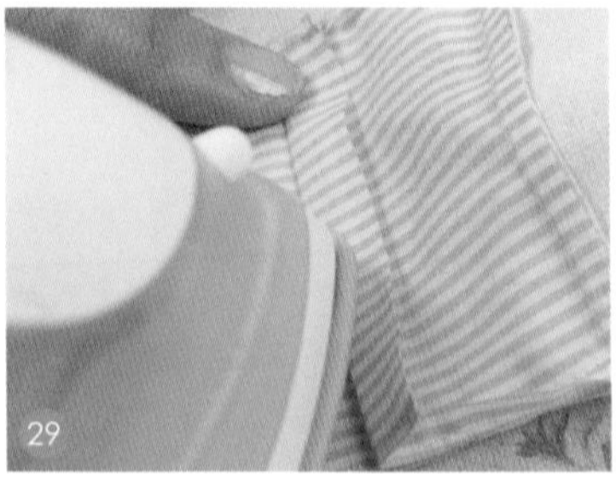
29

用熨斗壓熨。

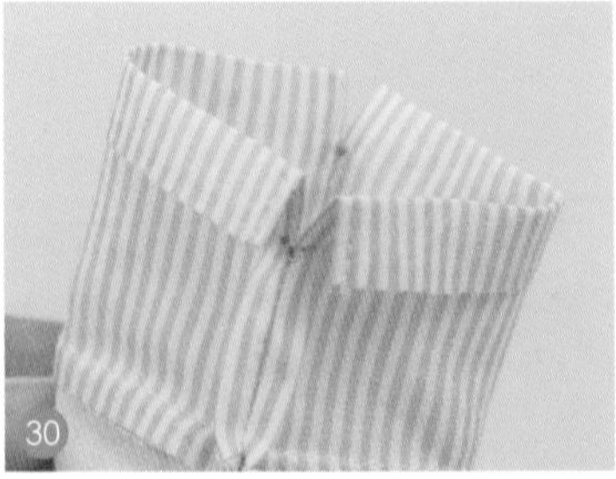
30

兩側都往內折。

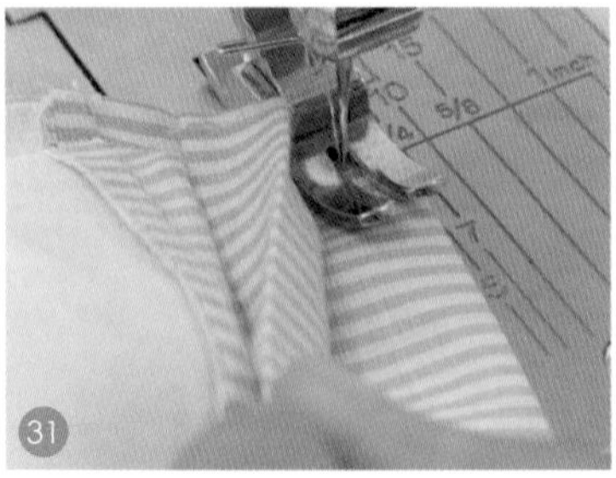
31

從袋口內側，將袋口處用縫紉機縫線。

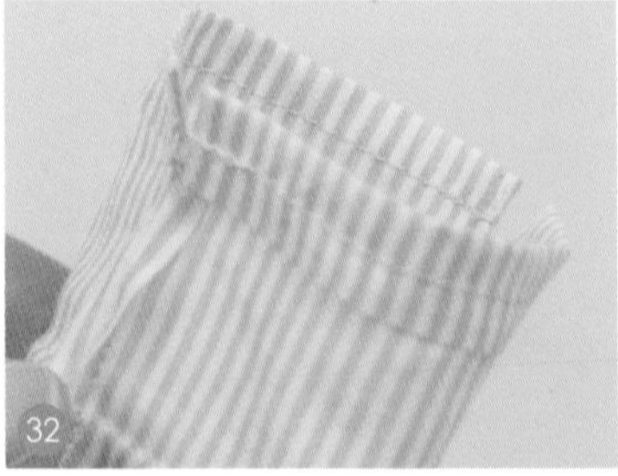
32

兩側都縫好。

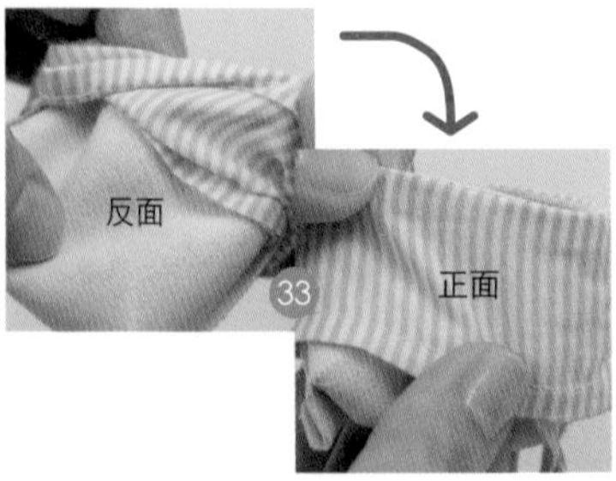
反面
33
正面

內袋部分往外側翻。翻的時候，請將接合處對齊收整。

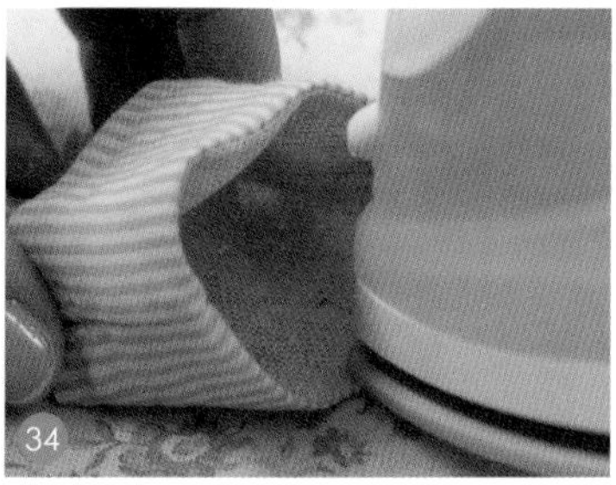
34
用熨斗壓熨。

35
從袋子內側，縫上一圈縫線。

36
加上縫線的樣子。

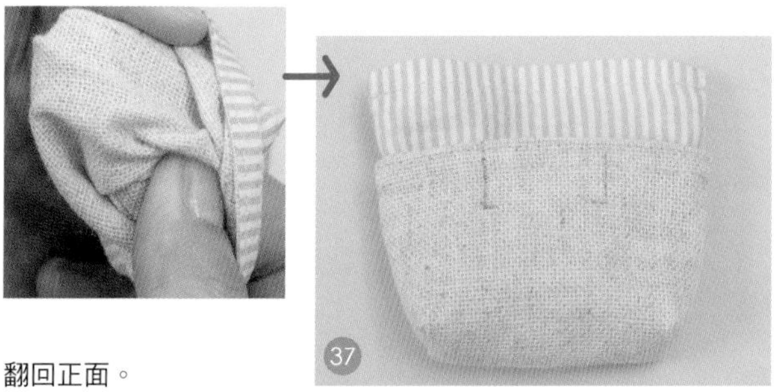
37
翻回正面。

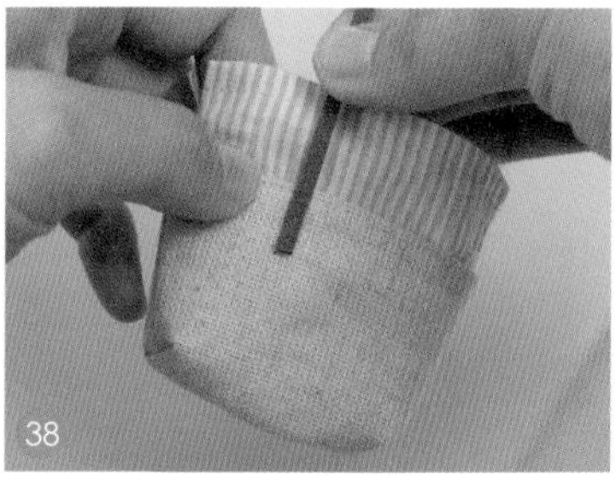
38
將提把縫在記號處。

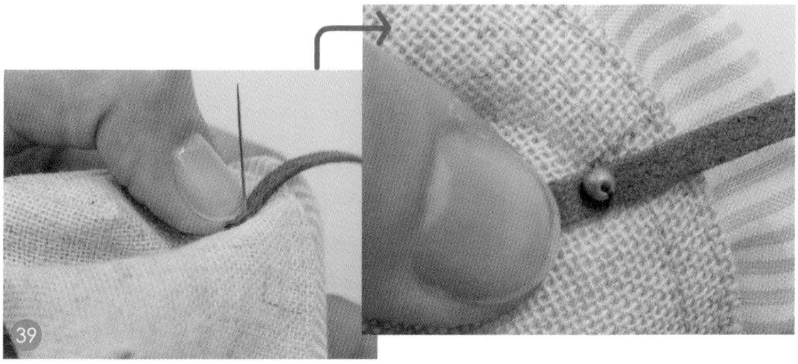
39
縫提把的同時，也縫上圓珠。

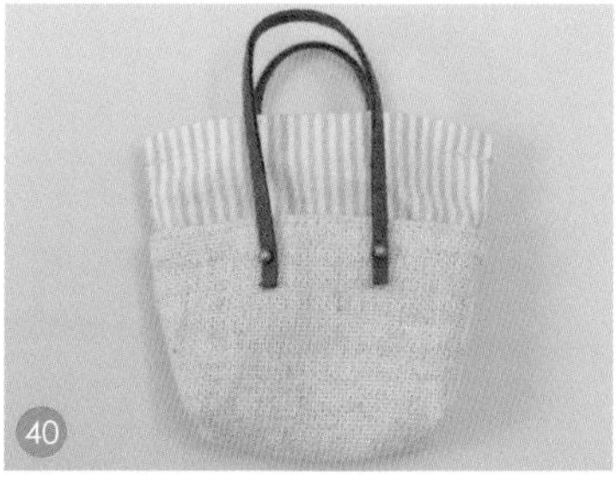
40
兩側都縫上提把。

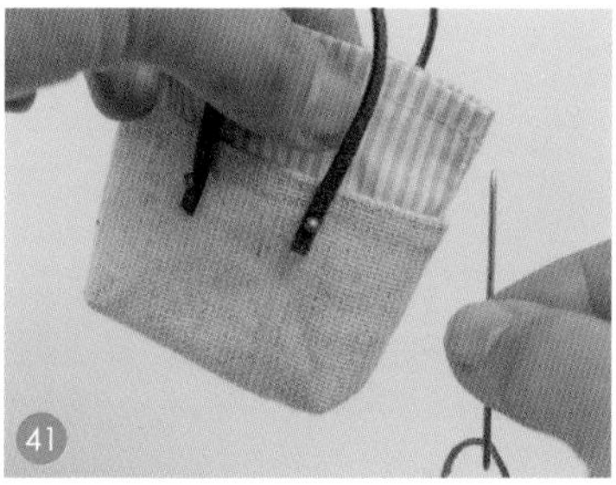
41
將莉莉安編織線穿過棉被針，再穿入內袋袋口處。

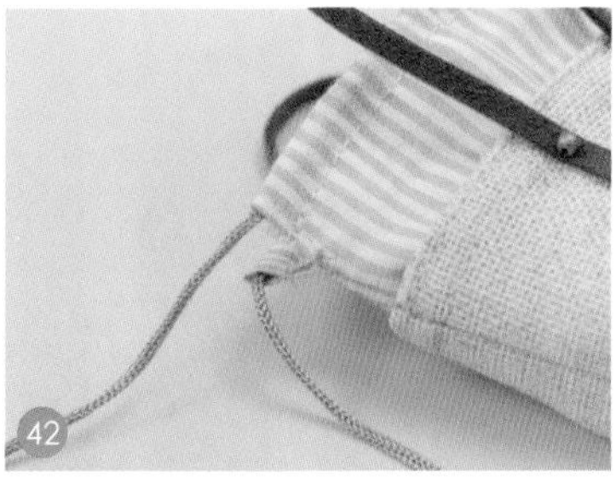
42
穿了一圈的樣子。

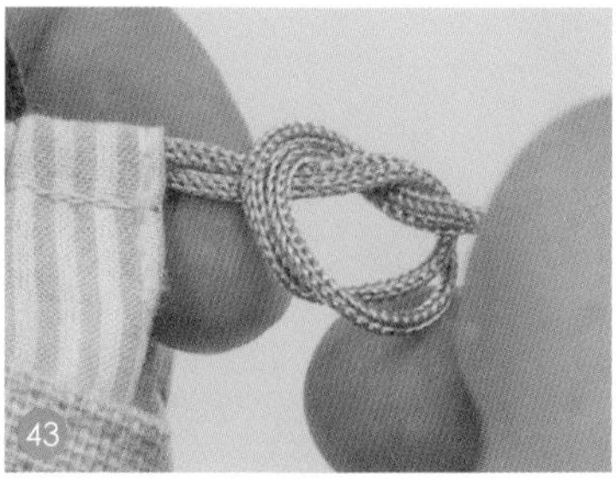
43
線端打結。

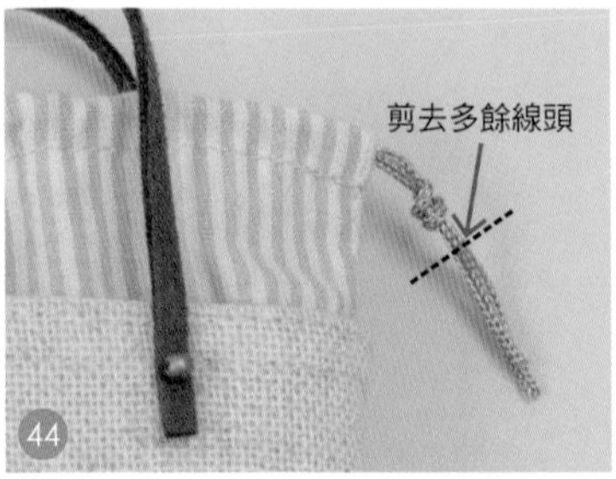
44
剪去多餘線頭

剪去多餘的線。

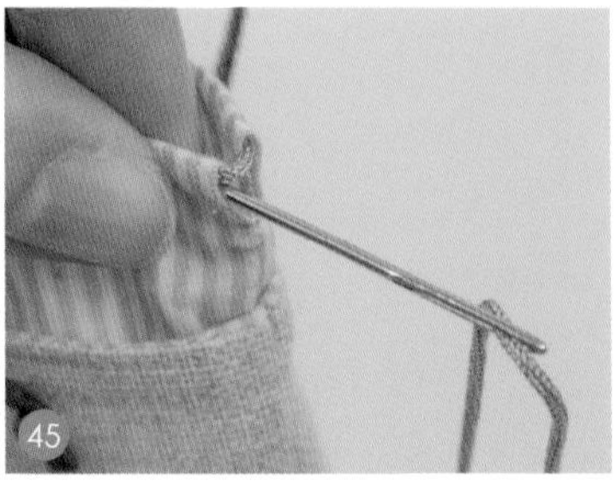
45

另一邊也穿入一條線。

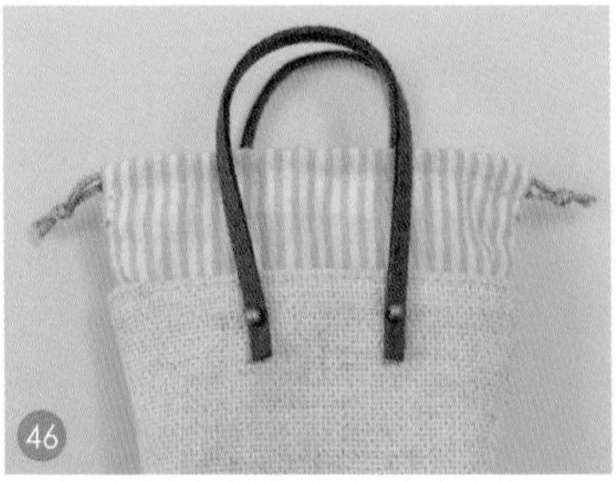
46

同樣在線端打結。

47

收緊繩線，製作完成。

波士頓包的作法 紙型 p66

合成皮・・・21cm×20cm
莉莉安編織線（用於提把芯線）・・・9cm×2 條
7mm 圓型環・・・4 個
5mm 圓型環・・・2 個
魚蝦扣・・・1 個
1.5～2mm 燙片・・・13 個（依喜好調整）
包底用厚紙板：2cm×6cm

皮帶部件

A　4mm ×11.5cm＝1 條
B　4mm×3cm＝4 條
C　4mm×3cm（一端為ㄈ字形）＝2 條

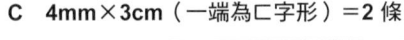

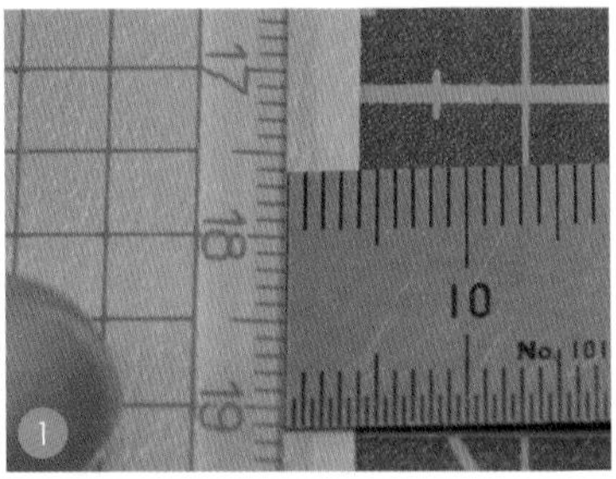

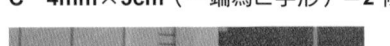

1 先製作皮帶部件。合成皮放在切割墊上，切割尺壓在合成皮上，用小定規尺量出 4mm 寬度，確認裁切位置。

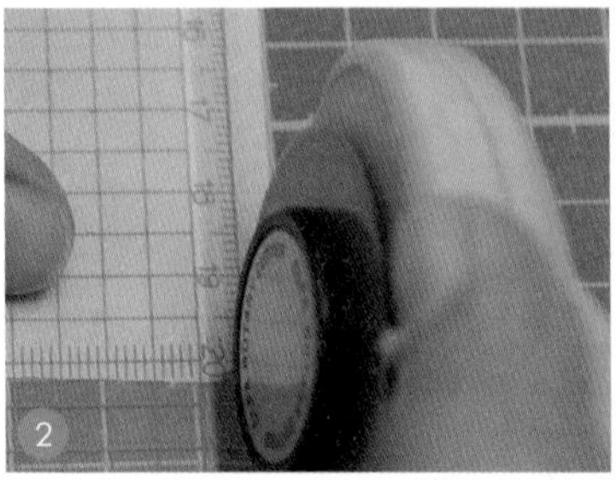

2 用輪刀一口氣裁切皮料。※用剪刀剪出細長整齊的部件較有難度，建議使用輪刀。

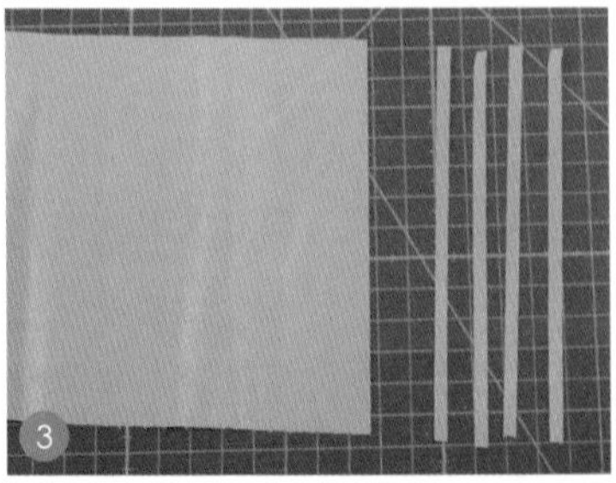

3 裁切所需數量。皮帶部件之後需再減短使用，所以先裁出幾條 13cm 長度的部件（不論何種包款，大約準備 3～4 條即可）。

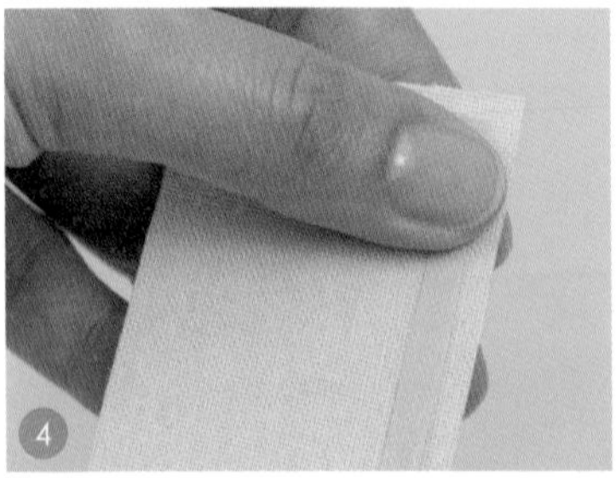

4 裁好的長條合成皮與較大的合成皮，內側（如同 2 塊布料的正面朝外相疊一樣）相對重疊。

5 長條部件的兩邊都縫上縫線。

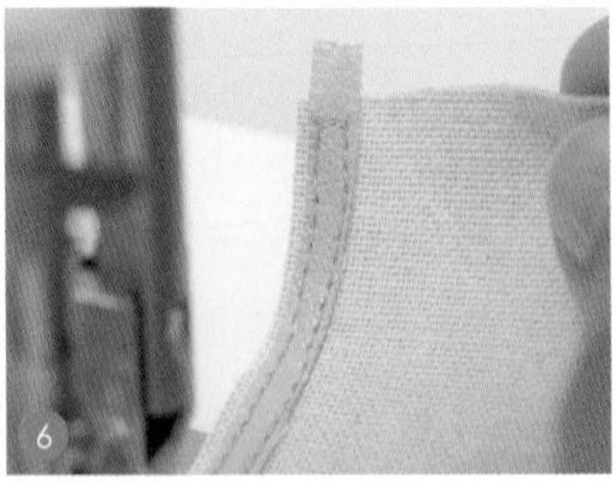

6 在部件端反向縫回成ㄈ字形。

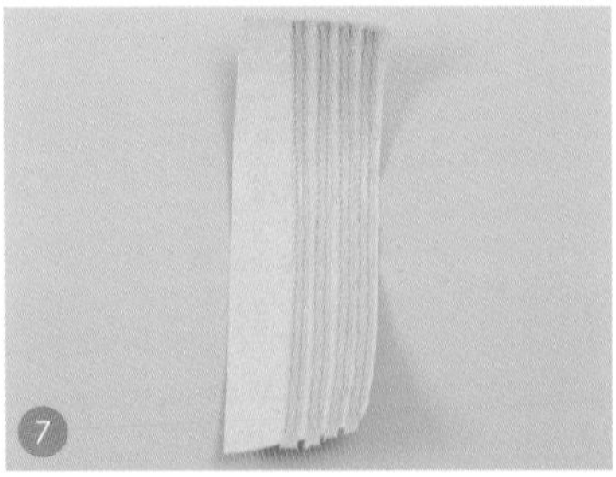

7 所有裁好的長條部件，在同一張合成皮上，如上述步驟縫線。

8 沿著長條形，用剪刀小心裁下每一條部件。

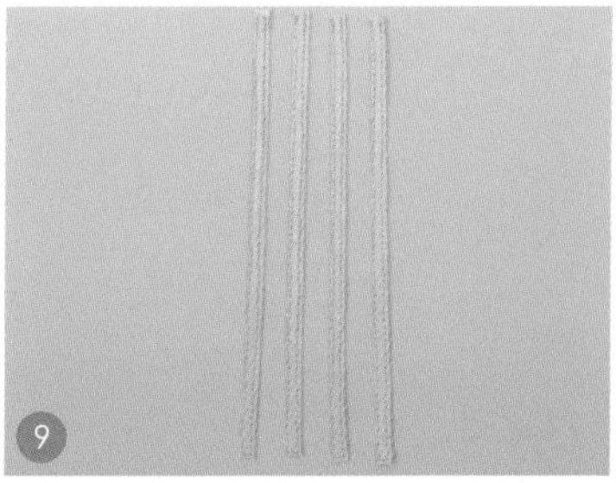
9

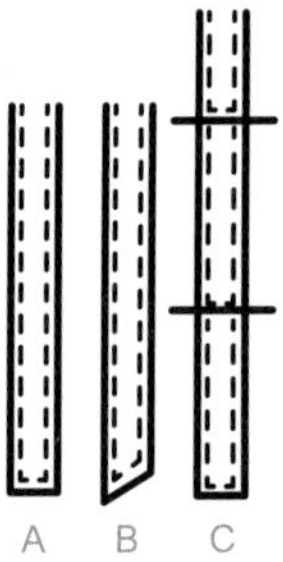
A
B
C

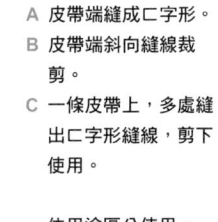

A 皮帶端縫成ㄈ字形。
B 皮帶端斜向縫線裁剪。
C 一條皮帶上，多處縫出ㄈ字形縫線，剪下使用。

依用途區分使用。

皮帶部件完成。依用途剪短使用，但是為了避免縫線因剪短後被剪斷，請在ㄈ字形處裁剪。有時需剪成斜狀、有時需剪成短部件，一條皮帶部件，需要在多處反向縫回成ㄈ字形縫線。

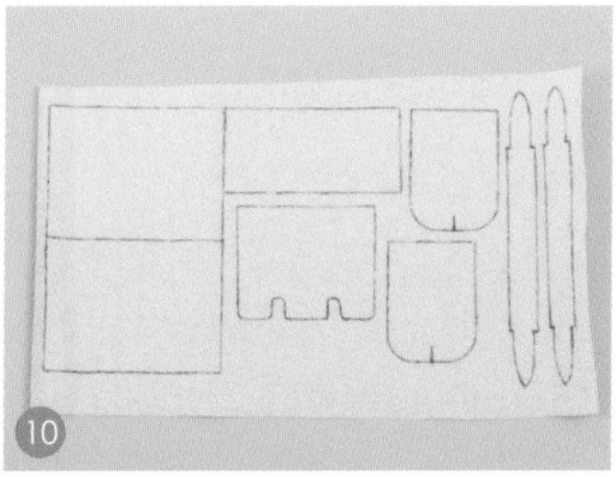
10

在合成皮上描出紙型。

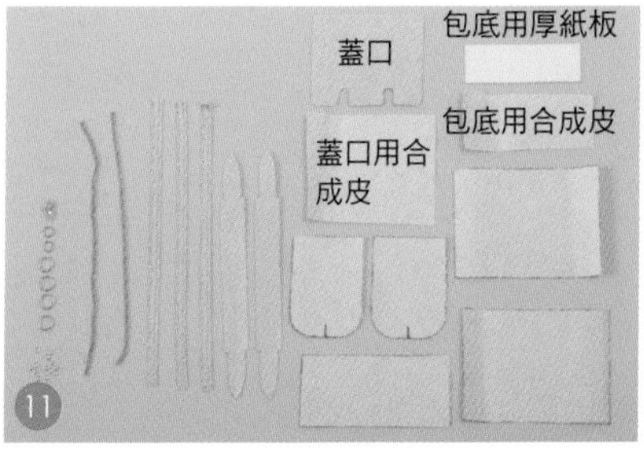
包底用厚紙板
蓋口
包底用合成皮
蓋口用合成皮
11

裁切好的部件以及其他部件。在側寬中心標註記號。包底用合成皮和蓋口用的 1 張合成皮，先粗略裁下，之後會再次裁切。

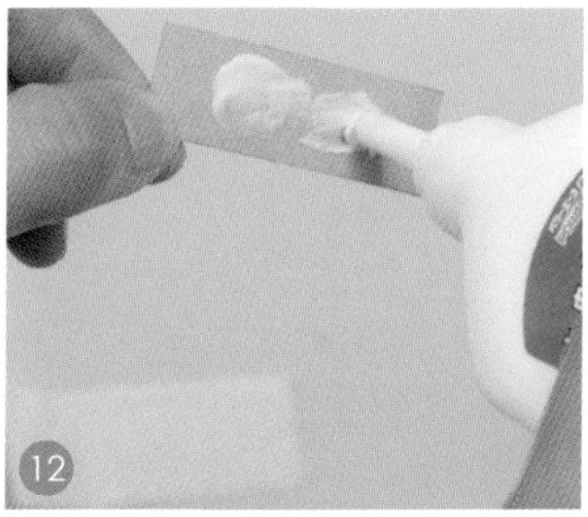
12

包底用的厚紙板塗上木工用接著劑，貼上粗略裁剪的合成皮。

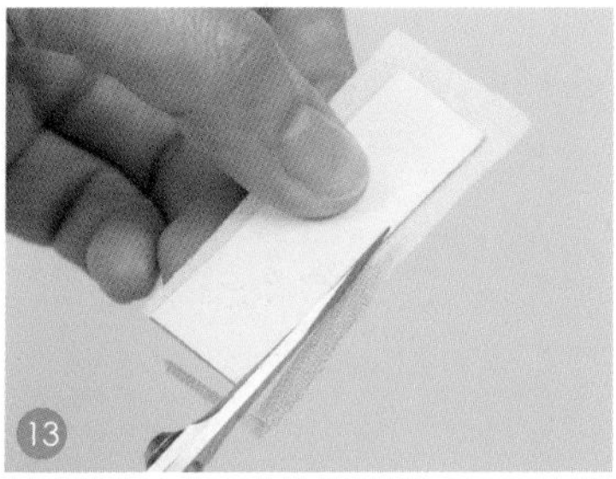
13

沿厚紙板剪去多餘周圍。

14

包底部件完成。

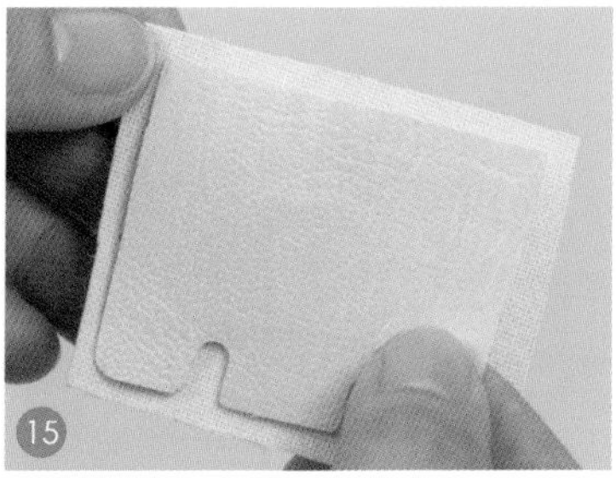
15

粗略剪裁的蓋口合成皮，與裁好的蓋口，正面朝外相疊。

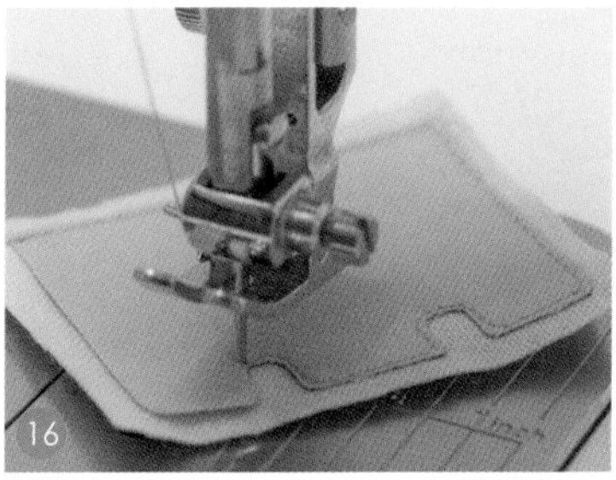
16

用縫紉機縫上一圈縫線。在周邊縫線，所以請慢慢仔細地縫。

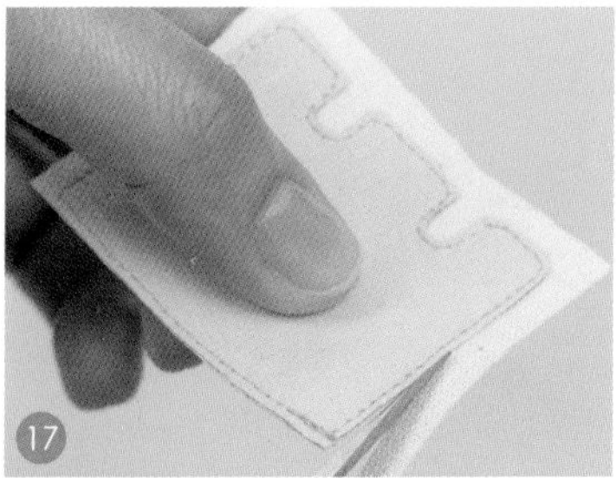
17

沿著裁好的部件形狀小心裁剪。

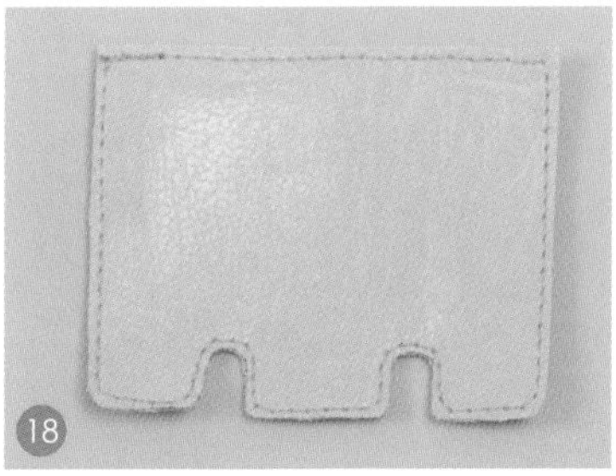
18

蓋口部件完成。

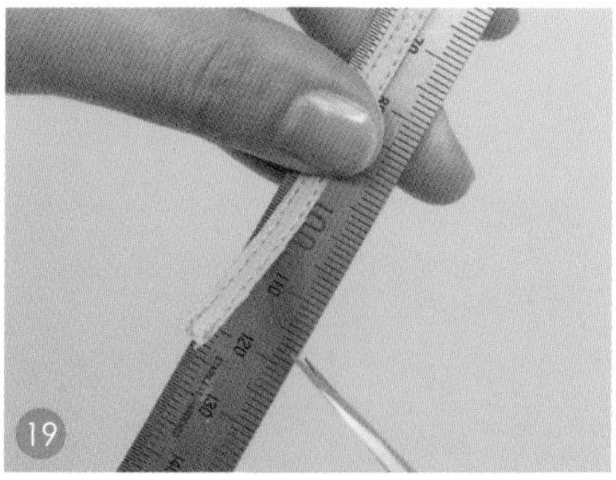
19

剪出各條皮帶部件所需長度。

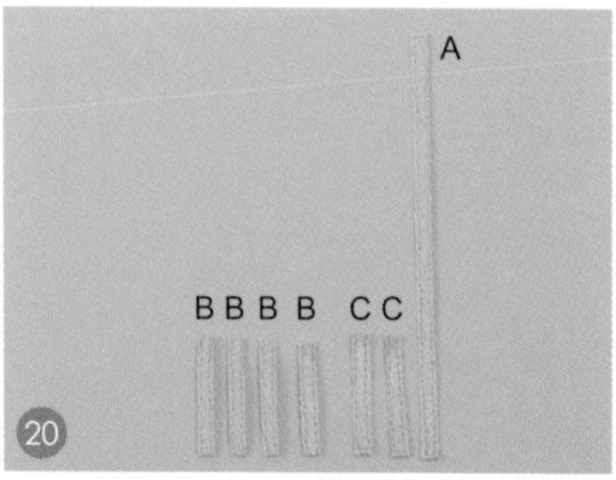
A
B B B B C C
20

所有皮帶部件裁好的樣子。

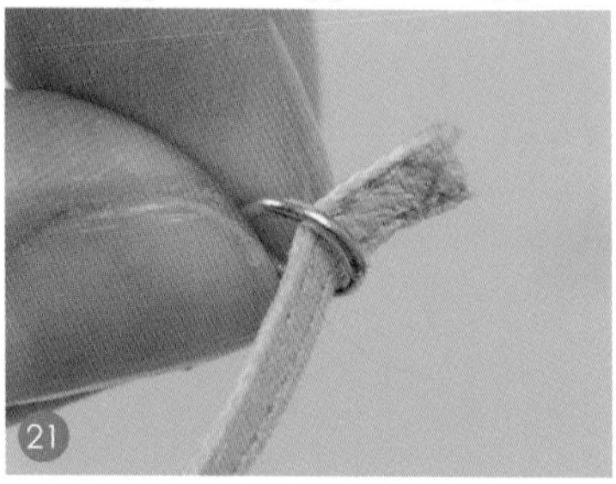
21

皮帶部件 B 穿過 7mm 圓型環。

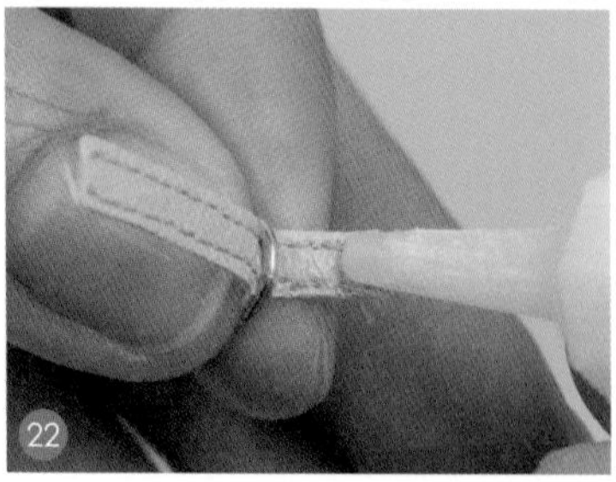
22

折下約 1cm 長度，塗上膠狀瞬間膠黏合。瞬間膠使用過多會溢出，請酌量使用。

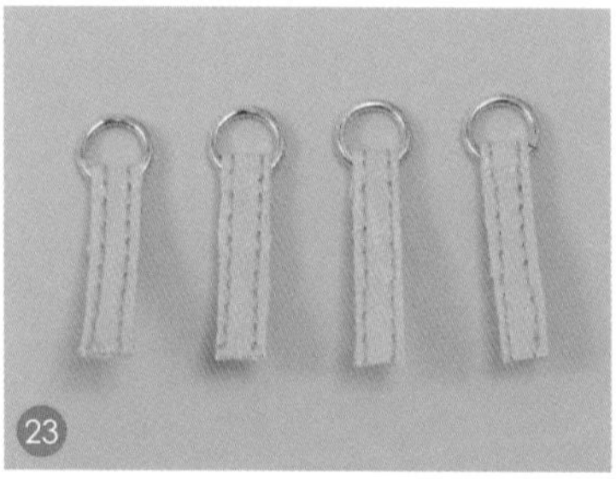
23

用相同方式做出 4 個部件 B。

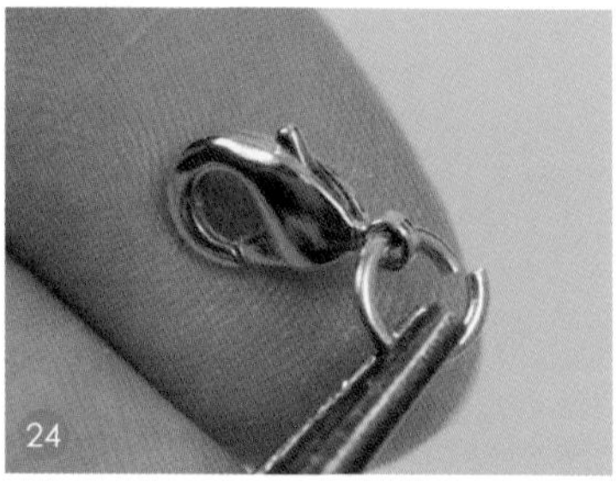
24

5mm 圓型環穿過魚蝦扣。

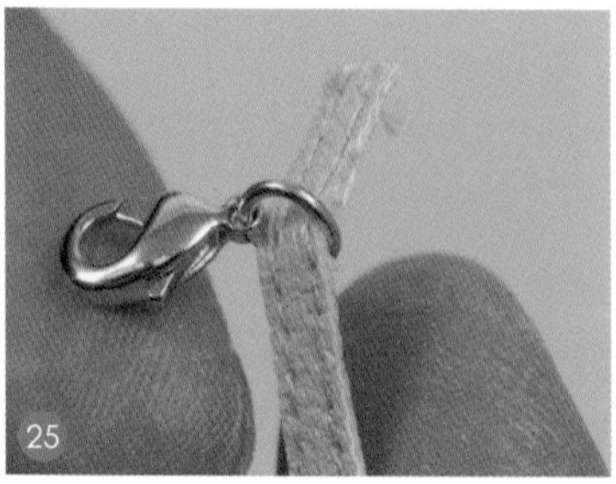
25

皮帶部件 A 穿過圓型環，折下黏合約 1cm 長度。

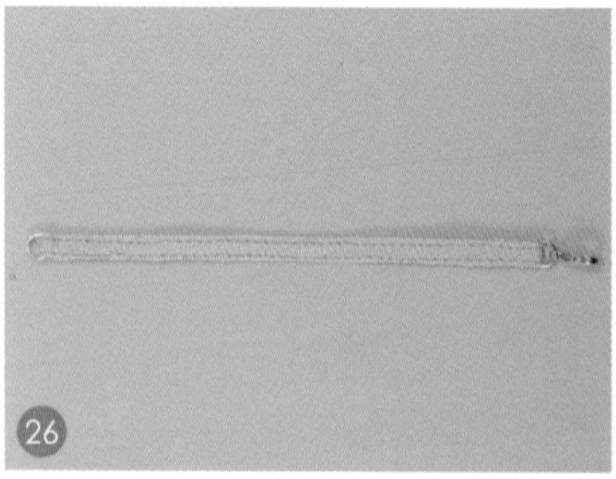
26

皮帶的另一端用相同方式，穿過 5mm 圓型環黏合。

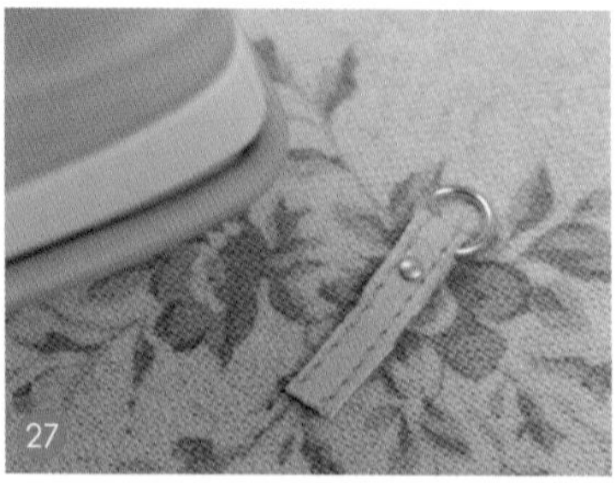
27

各皮帶部件都用熨斗黏上燙片。如果合成皮不適合熱壓時，用接著劑黏上燙片。

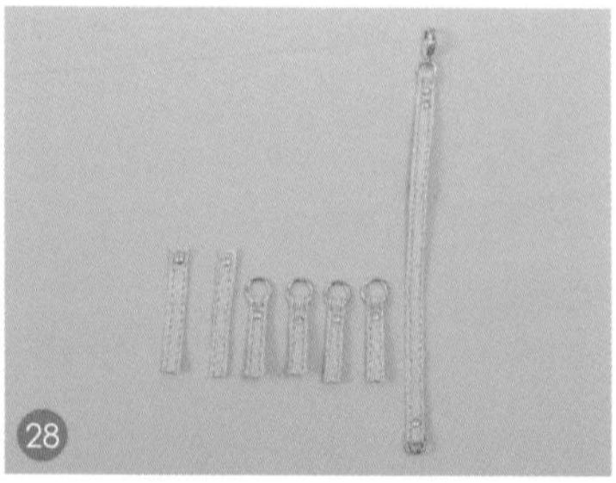
28

各皮帶部件都黏上燙片。

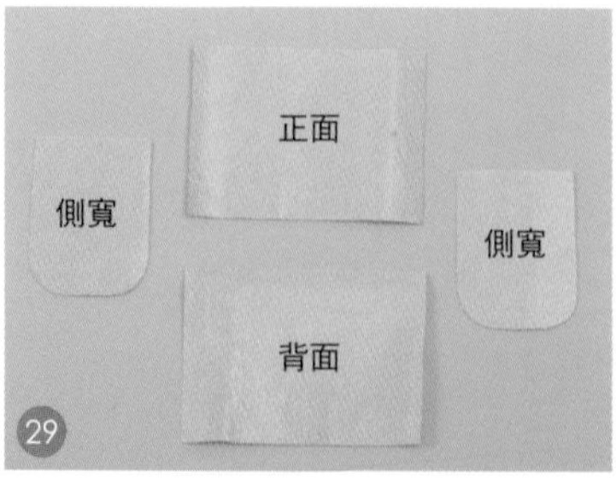
正面
側寬
側寬
背面
29

在本體正面、背面、側寬部件的袋口處縫線。

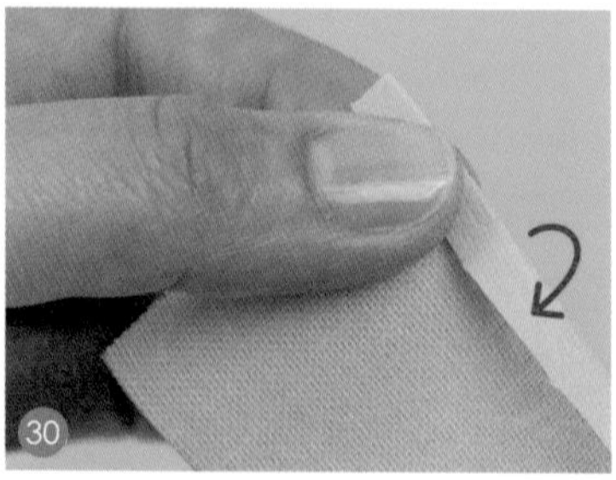
30

各部件的袋口邊緣下折，做出折線。

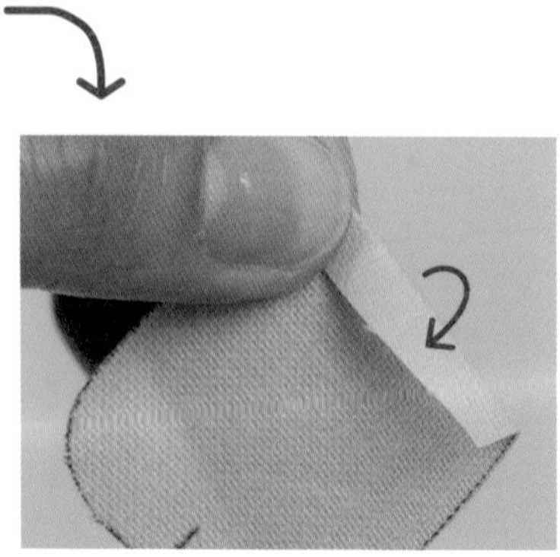

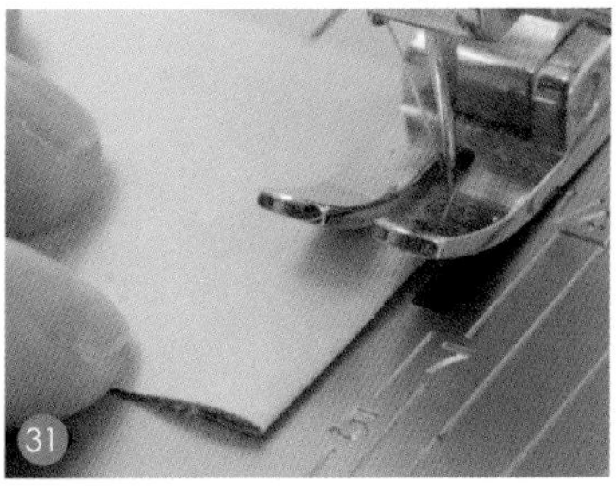
31
用縫紉機縫線。

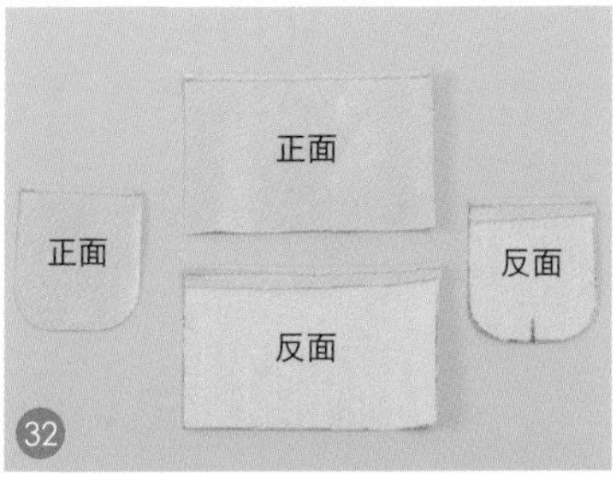
正面
正面
反面
反面
32
4 個部件都各自縫上縫線。

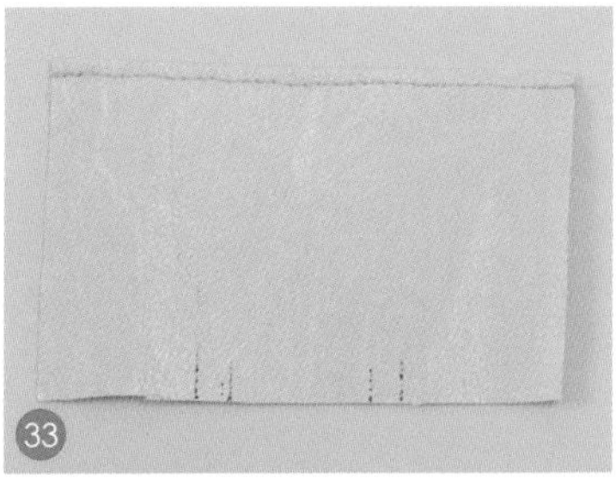
33
正面和背面部件的正面，都標註上皮帶位置（用粉筆標註記號容易消失，請避免擦掉，盡快作業）。

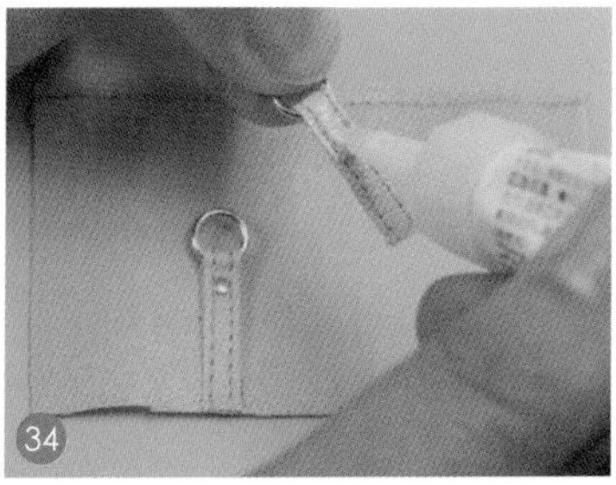
34
將皮帶部件 B 黏在標註位置。

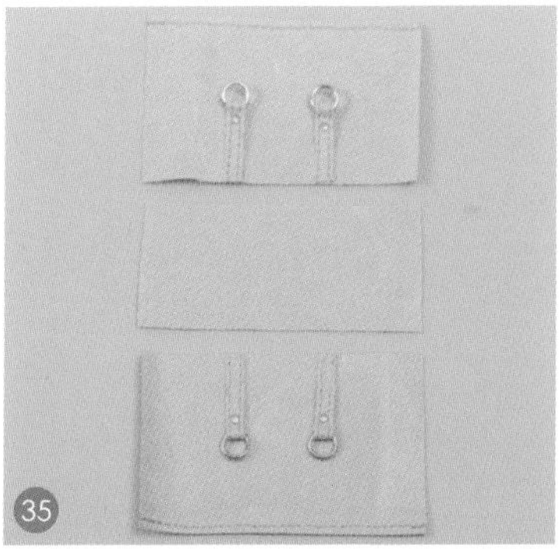
35
正面與背面部件與底寬縫合。

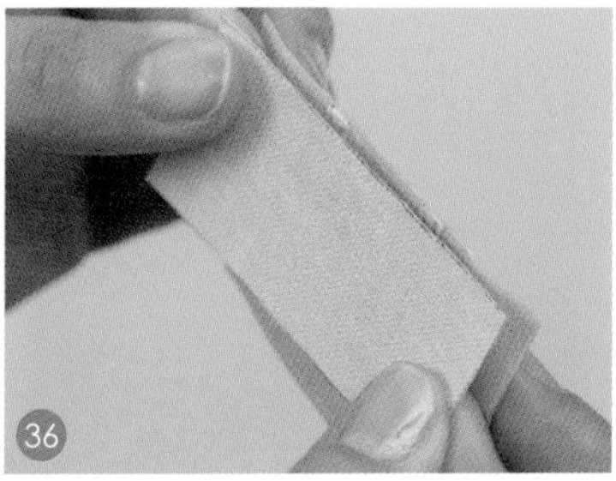
36
部件正面相疊重合。

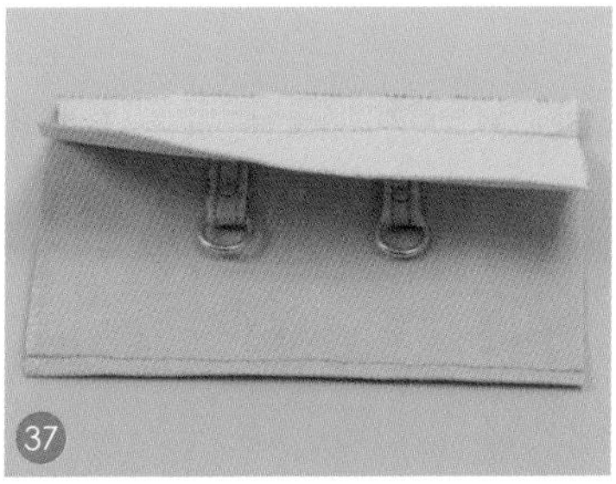
37
用縫紉機縫合。

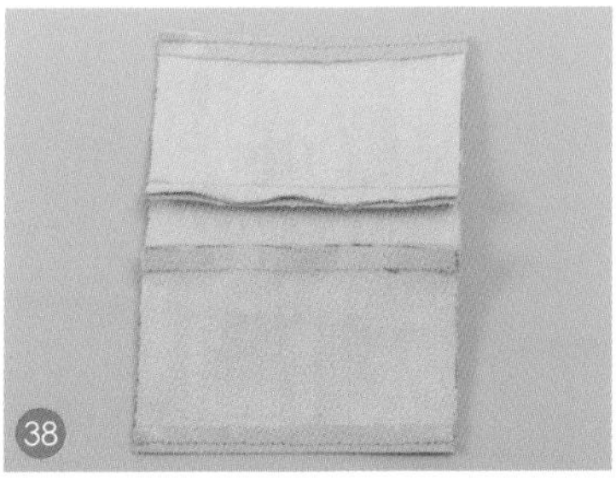
38
另一片也用相同方式縫合。

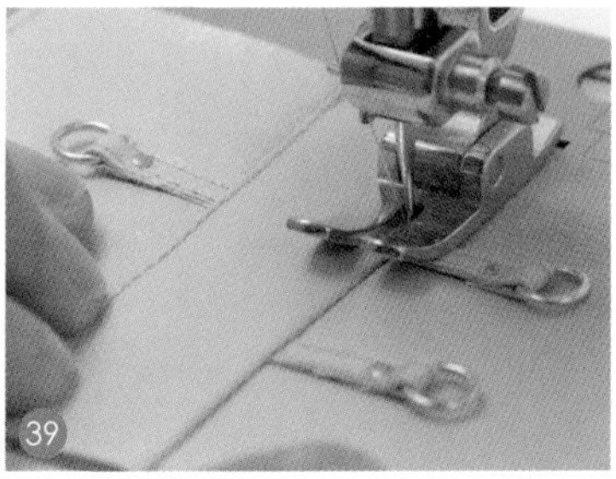
39
縫份往底寬倒，縫上縫線。

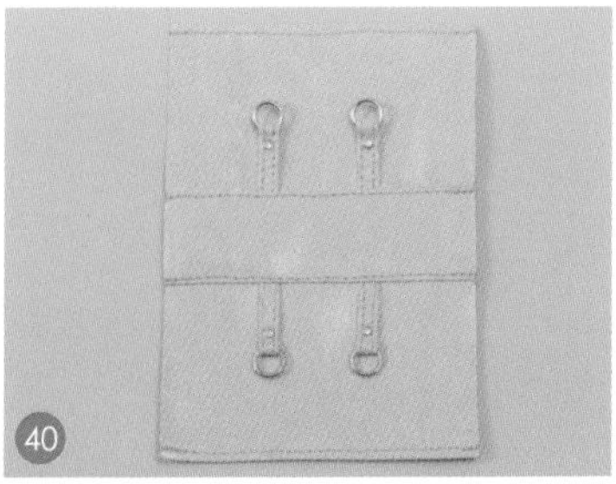
40
縫線完成的樣子。

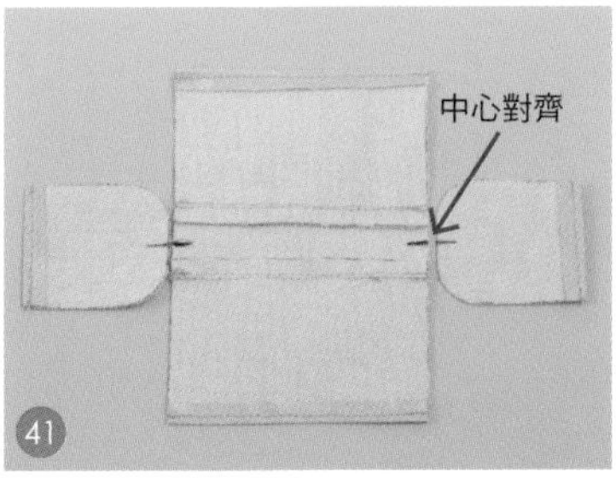
中心對齊
41
底寬中心標註記號，與側寬中心對齊。

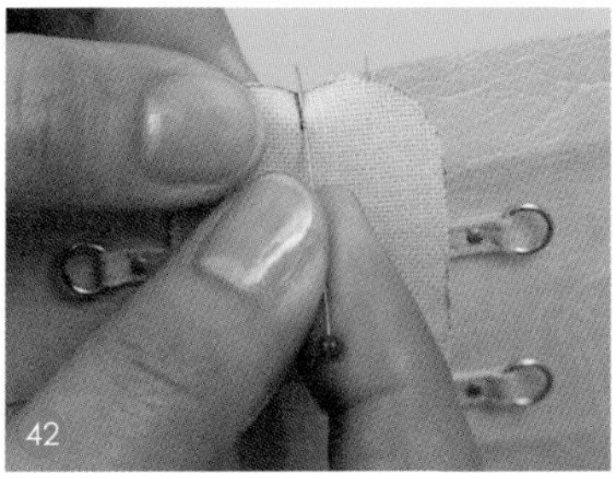
42
中心用珠針固定。

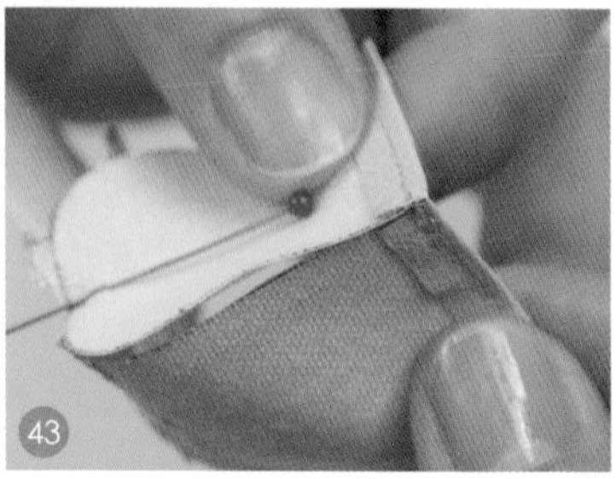
43
側寬與正面上部對齊。

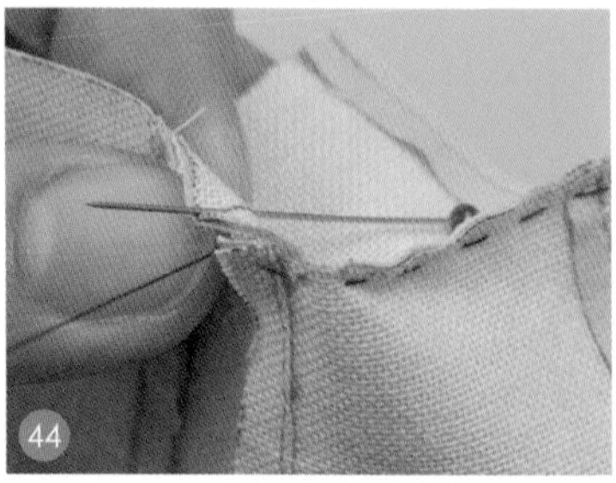
44
疏縫接合。

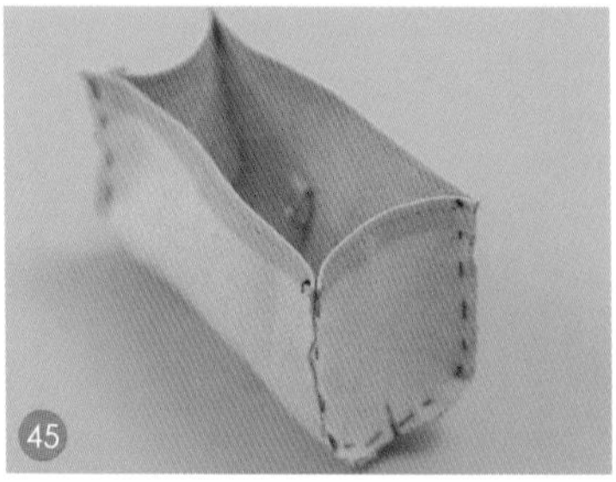
45
另一個側寬也同樣用疏縫接合。

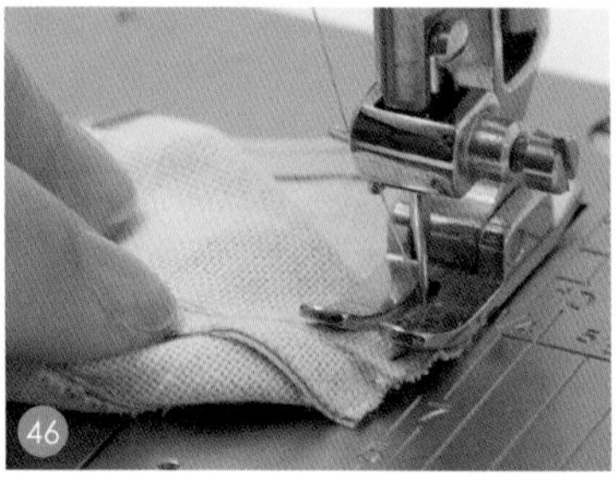
46
用縫紉機縫合。

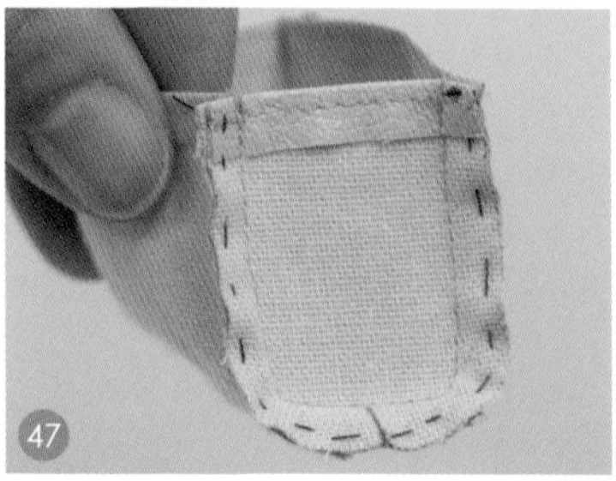
47
縫合後的樣子。

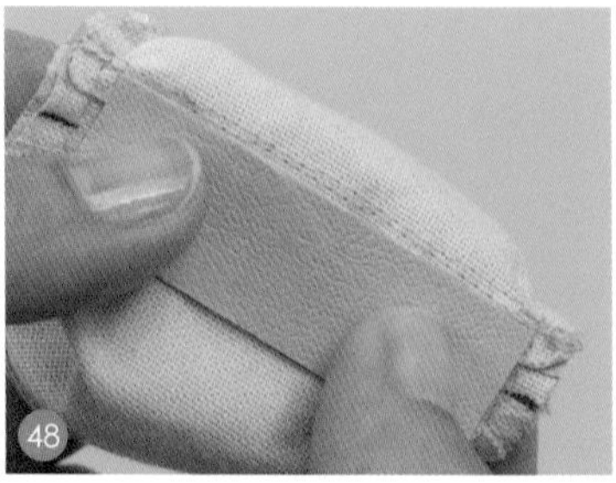
48
底寬部件厚紙板這面塗上木工用接著劑，黏在底寬上。

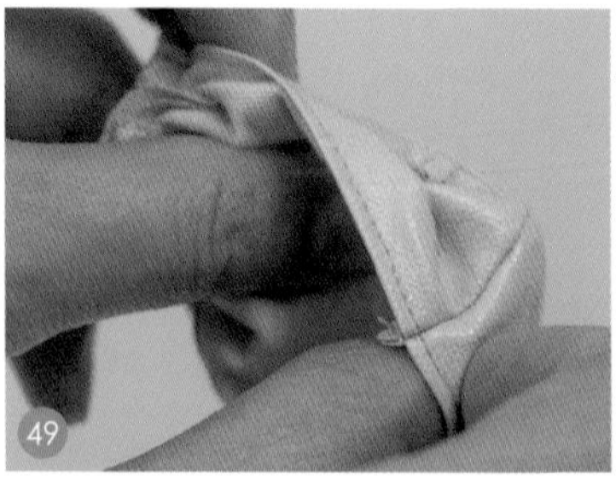
49
直接翻回正面。

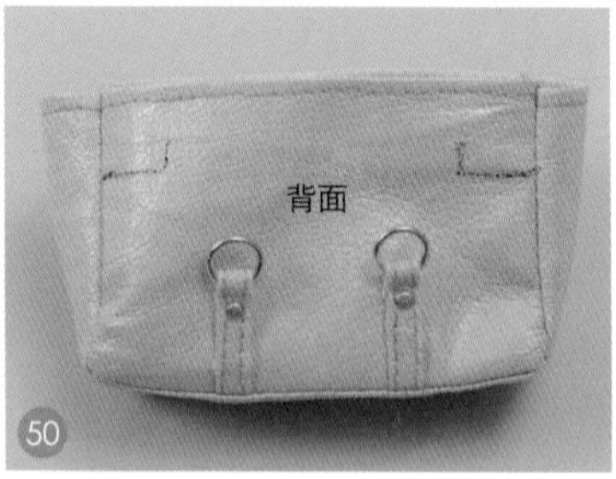
背面
50
背面標註皮帶部件 C 的位置。

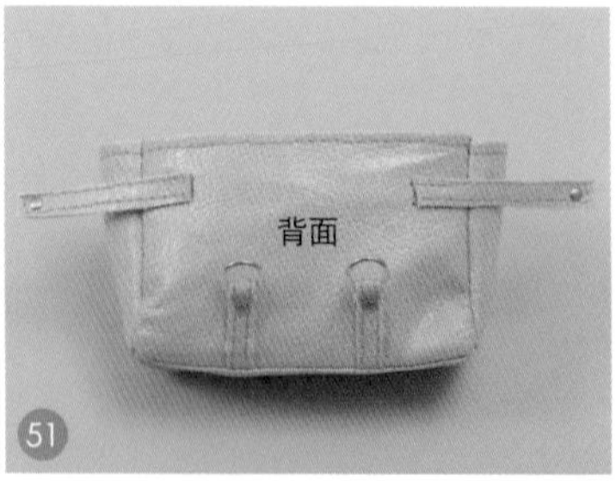
背面
51
皮帶部件 C 沒有邊片這端，用接著劑黏在標註位置。

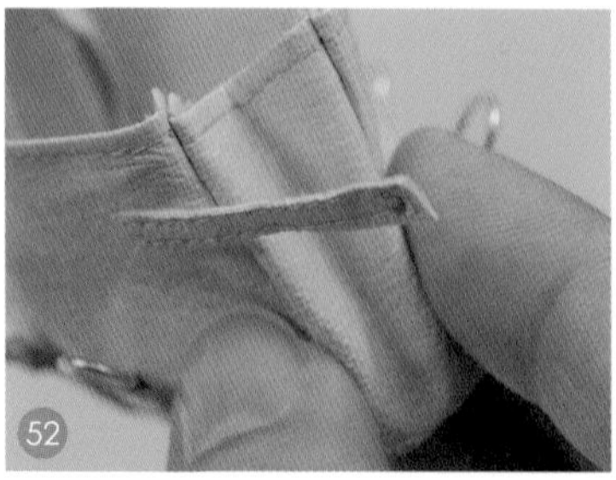
52
從側寬中心向內凹折。

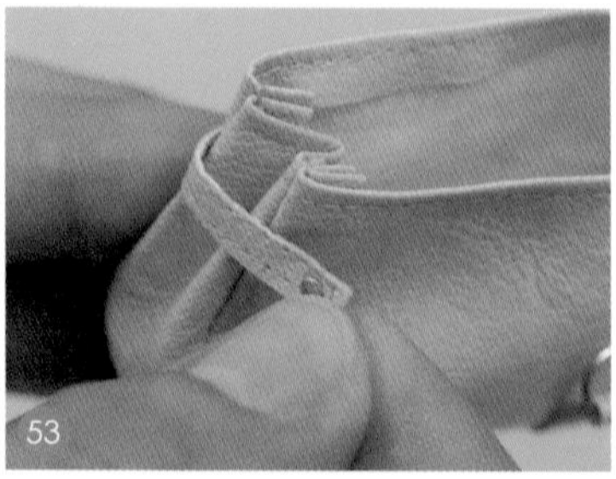
53
皮帶部件繞至正面黏合。

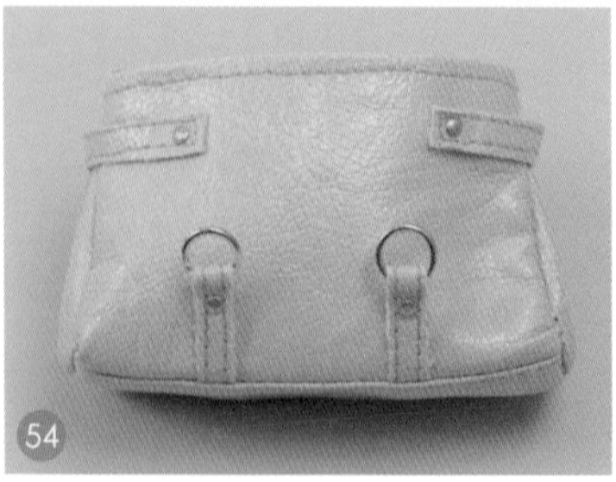
54
另一邊以相同方式黏合。

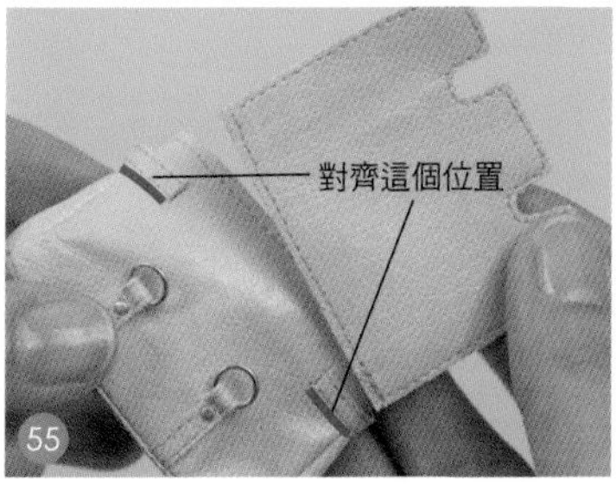
55
對齊這個位置

蓋口部件對齊背面皮帶部件的下側黏合。

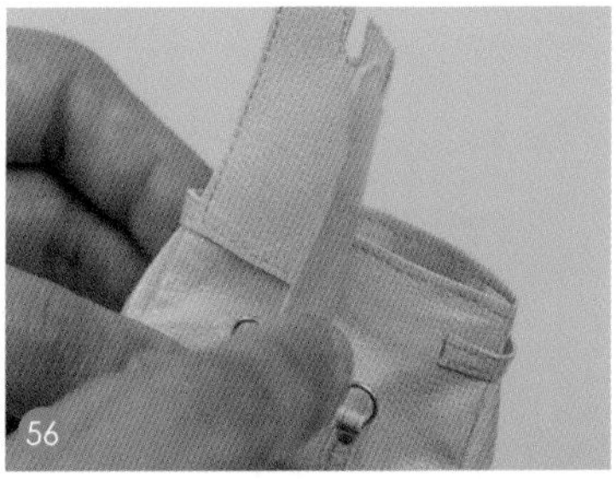
56

沿著蓋口邊緣，一點一點塗上接著劑，慢慢黏合。全部貼合之後無法拆除重貼，所以請小心作業。

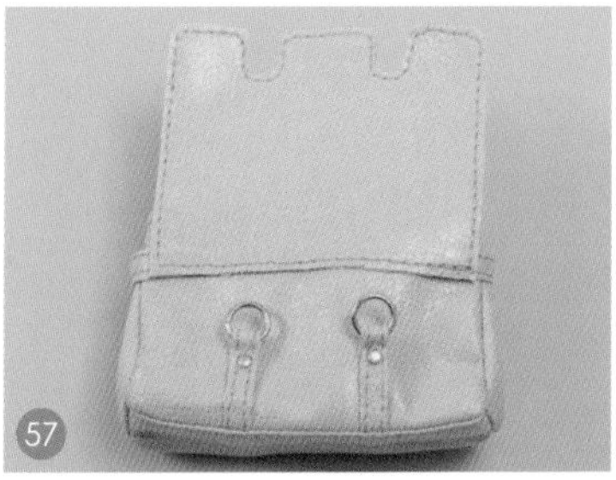
57

蓋口黏合完成。

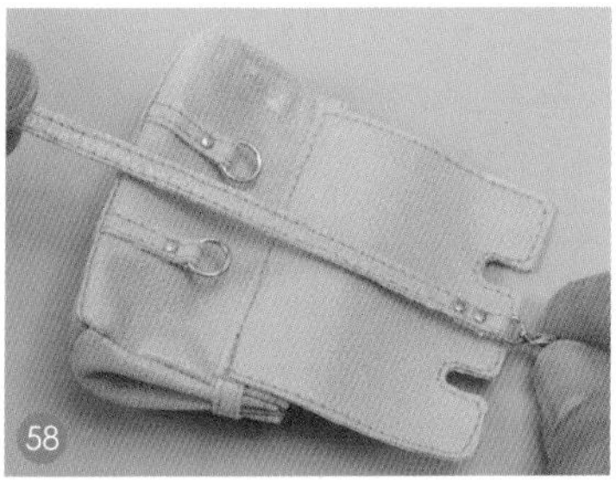
58

皮帶部件 A 從蓋口黏在背面中心，魚蝦扣這端對齊蓋口邊緣。

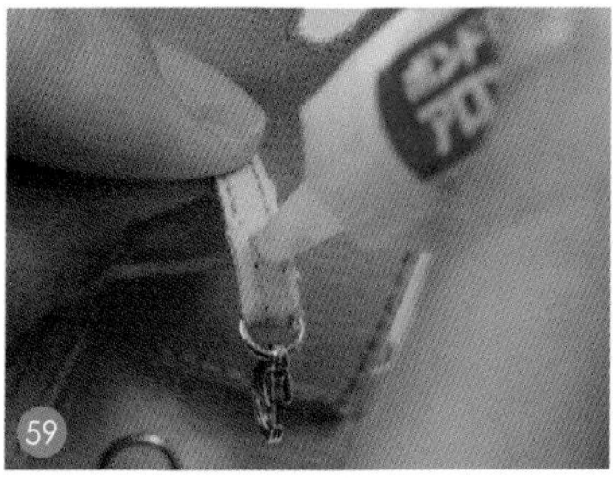
59

也請小心慢慢黏貼皮帶部件。

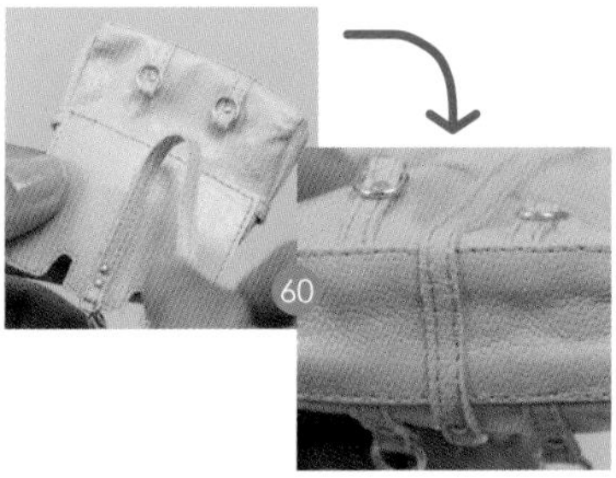
60

繞過底寬部分。

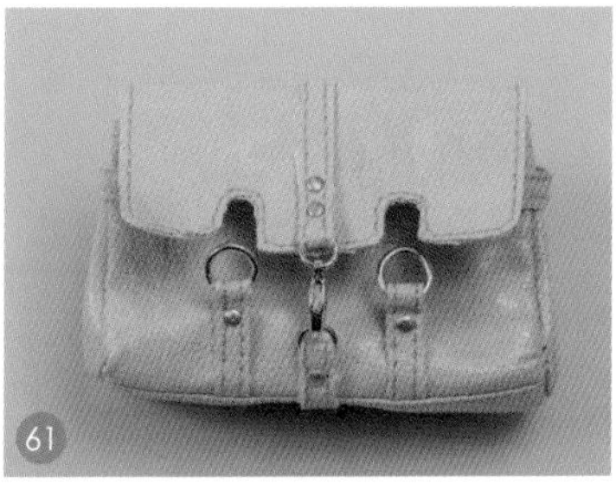
61

皮帶部件 A 黏合完成。

62

提把部件的兩端裝飾上縫線，只需縫兩端，底下鋪紙縫線。

63

從提把中心對折。

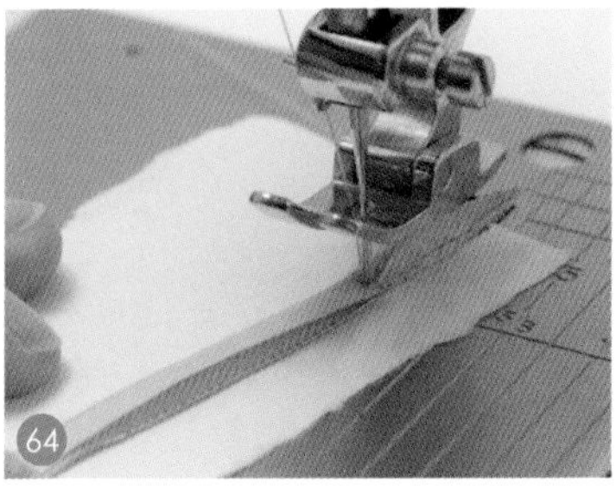
64

底下鋪紙，用縫紉機縫合。

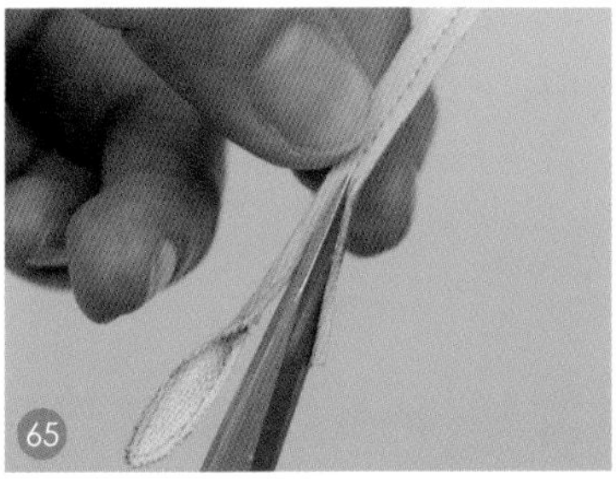
65

沿著縫線邊緣小心剪下多餘縫份。

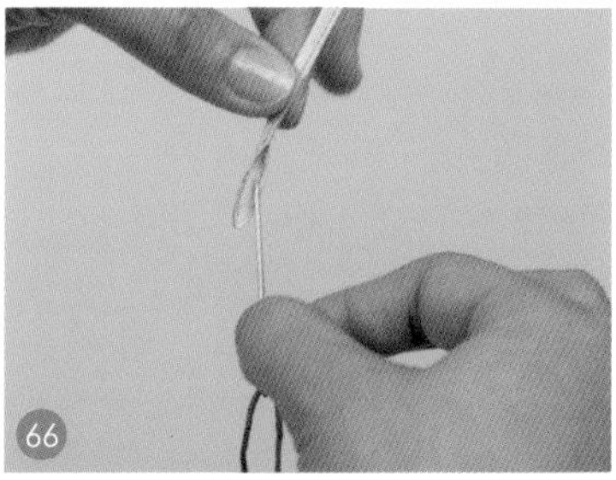
66

將穿過莉莉安編織線的棉被針穿過提把部件。

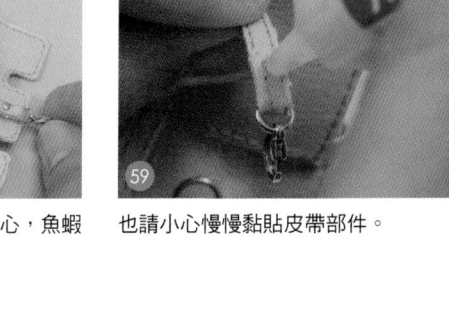

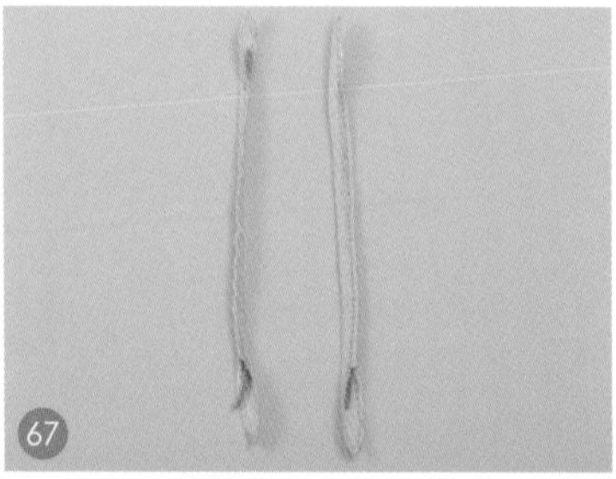
67

兩條提把部件都穿過的樣子。

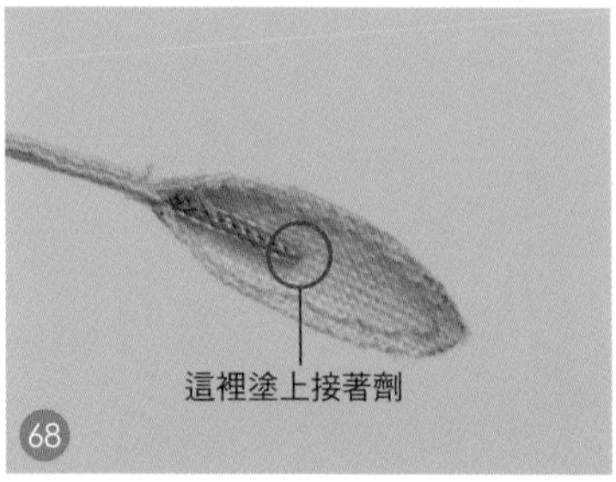
這裡塗上接著劑
68

避免編織線抽離，在線頭塗上接著劑固定。

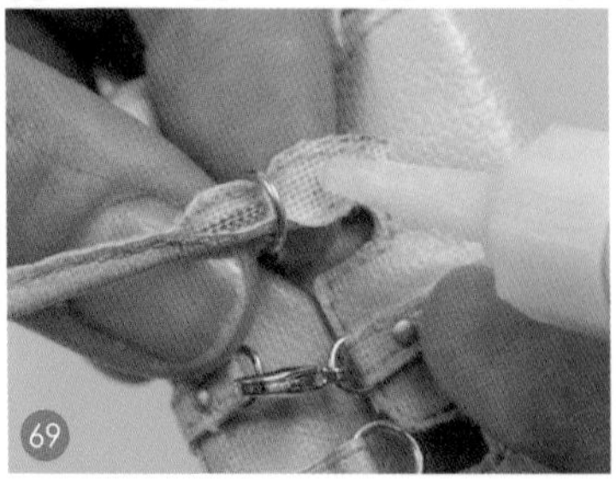
69

提把部件穿過皮帶部件 B 的圓型環，塗上接著劑黏合。

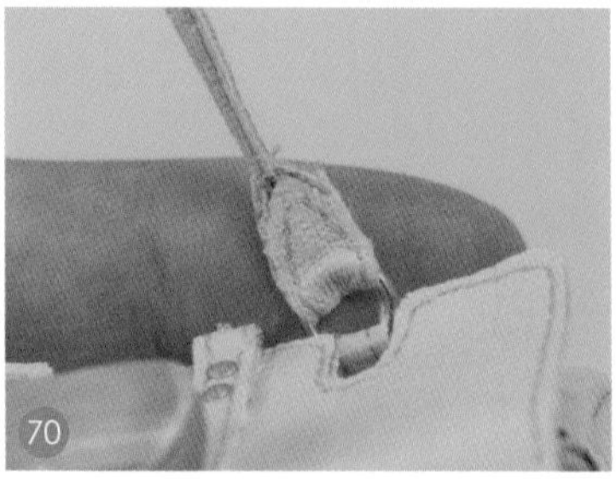
70

黏合時，避免露出提把裡面。

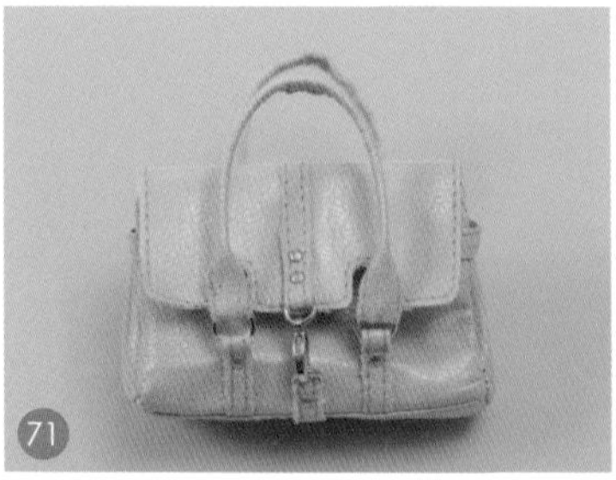
71

提把黏合完成的樣子。

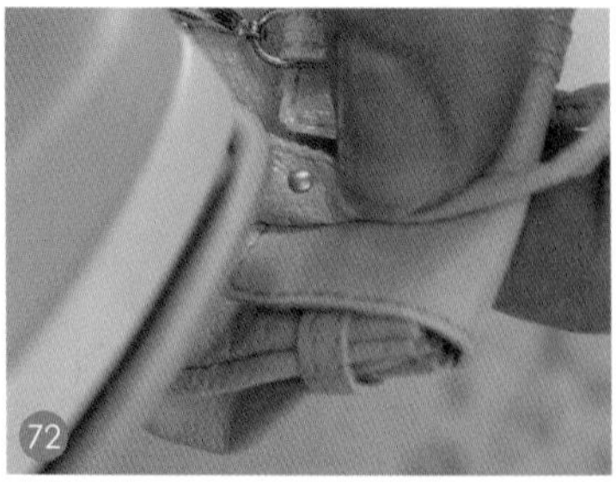
72

提把部分用熨斗黏上燙片，因包包已成型，較難熨燙，請用手輔助作業。※請小心燙傷。

73

大功告成。

單日背包的作法 紙型 p67

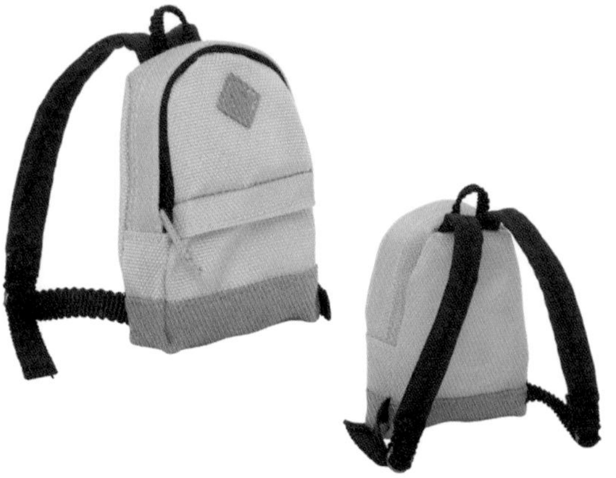

本體用的厚度中等布料・・・18cm×12cm
麂皮（用於底寬、背包補丁）・・・6cm×10cm
薄尼龍（用於背帶）・・・9cm×6cm
抓毛絨、絎縫內裡等柔軟稍厚的材質
（用於背帶裡襯）・・・10cm×6cm
5mm 寬的羅緞織帶・・・約 20cm
迷你拉鍊（長 11cm 以上）
※先拆除拉鍊頭金屬裝飾・・・一條
7mm 圓型環・・・4 個
拉鍊頭裝飾線・・・適量

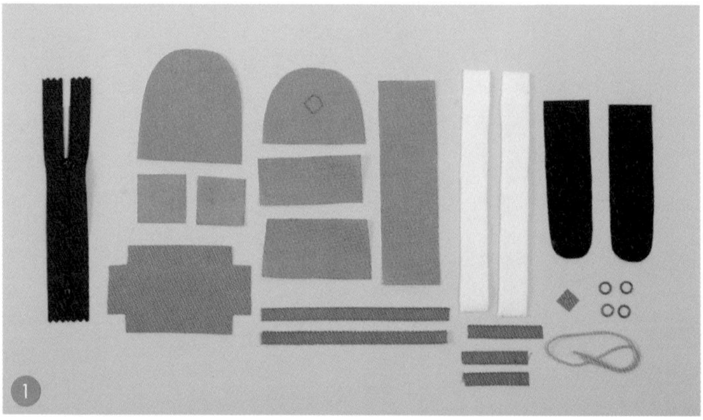

描出、剪下各部件的紙型。背帶的裡襯剪得比背帶稍微細長些。羅緞織帶剪成 2 條 9cm（調整織帶），2 條 3cm（圓型環部件），1 條 4cm（提把）。羅緞織帶的兩端塗上防綻液。※如果要用打火機輕輕燒炙、收邊織帶、拉鍊的兩端，請格外小心用火。

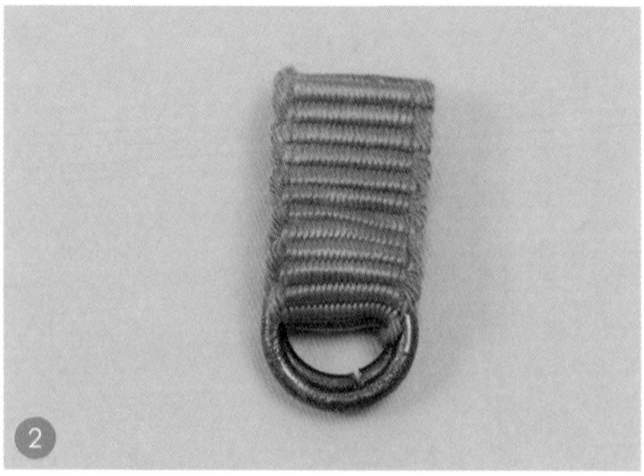

織帶的兩端
分別內折黏合

剪成 3cm 的織帶穿過 2 個圓型環，如圖示內折，用接著劑黏合固定。

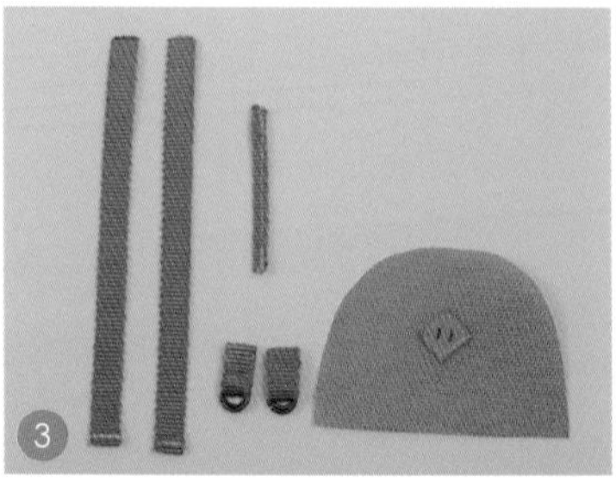

剪成 4cm 的織帶對摺縫線，剪成 9cm 織帶的一端折起用接著劑黏合、縫線。將背包補丁縫合在前面上部件的指定位置。

背帶正面對折縫合。

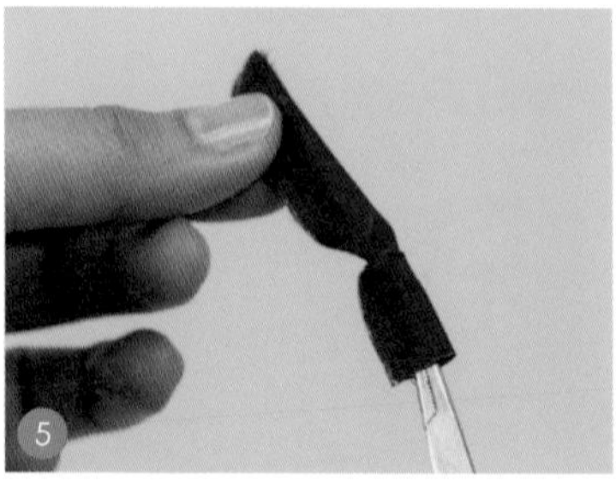

用返裡鉗慢慢翻回正面。

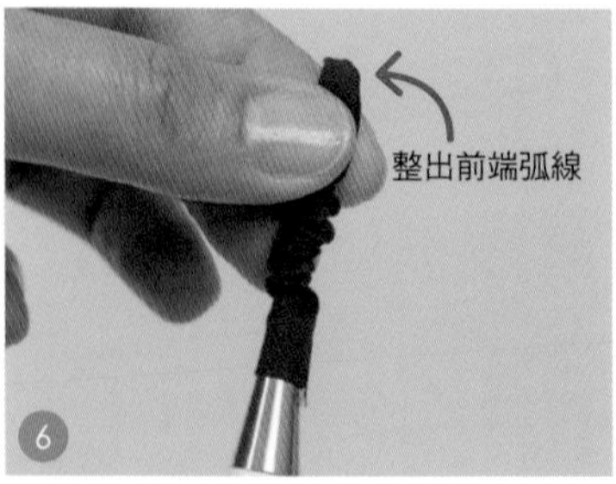
整出前端弧線

錐針穿入，整出前端形狀。

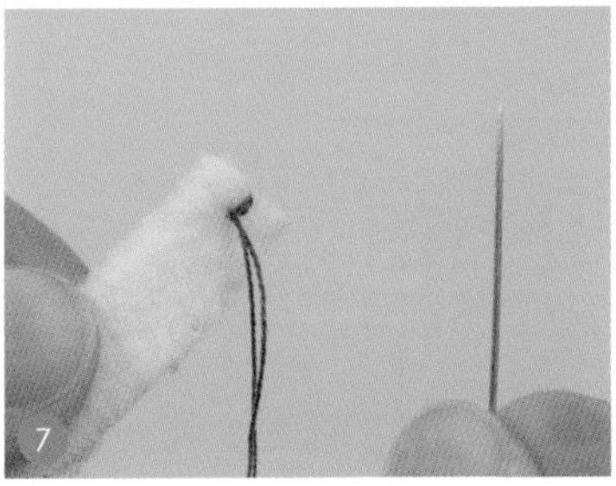
7

背帶裡襯對折，前端用針刺穿，穿過、繫上縫線。

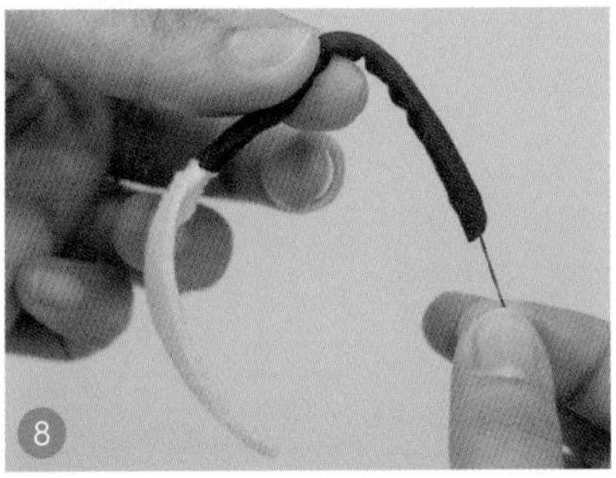
8

連針穿入背帶部件，避免裡襯卡住，直到針從另一端穿出，確保裡襯完全塞進背帶部件。

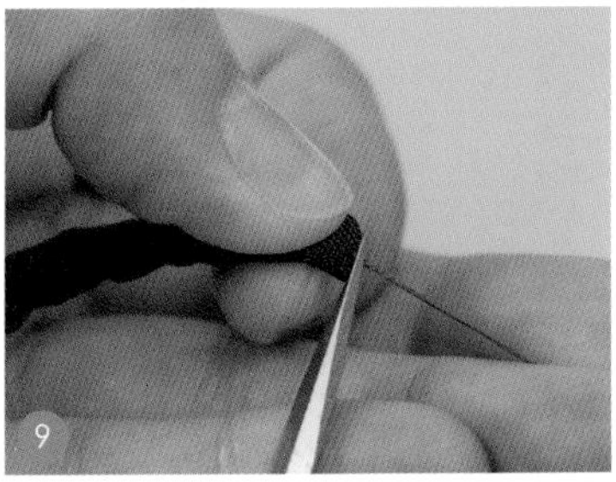
9

裡襯塞滿至另一端後，剪去線頭。

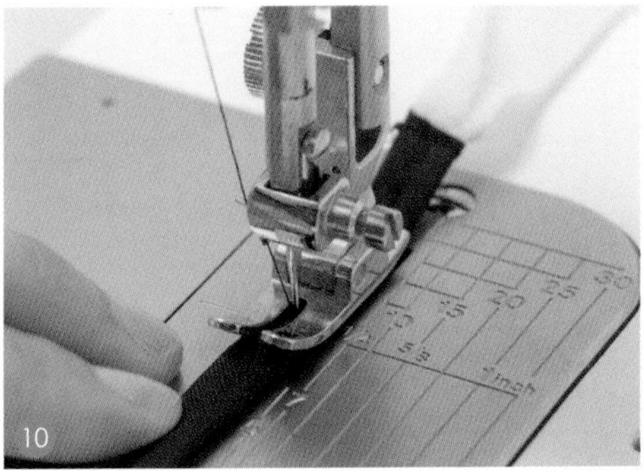
10

中心縫線

邊緣用縫紉機縫合，中心再縫上一條線。

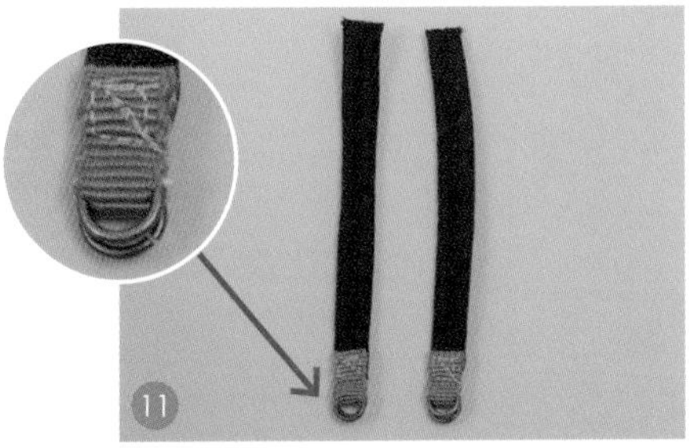
11

剪去多餘裡襯，前端與穿過圓型環的部件縫合。

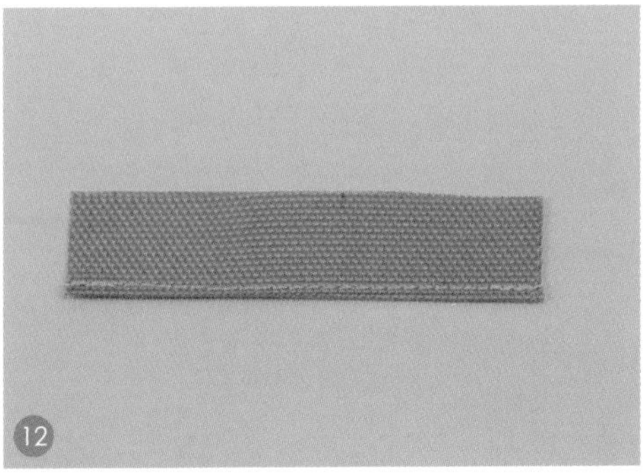
12

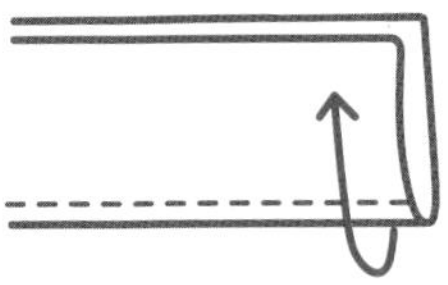
對折、邊緣縫線

蓋口對折，邊緣縫線。

13

與前面上部件重疊，邊緣縫線固定。

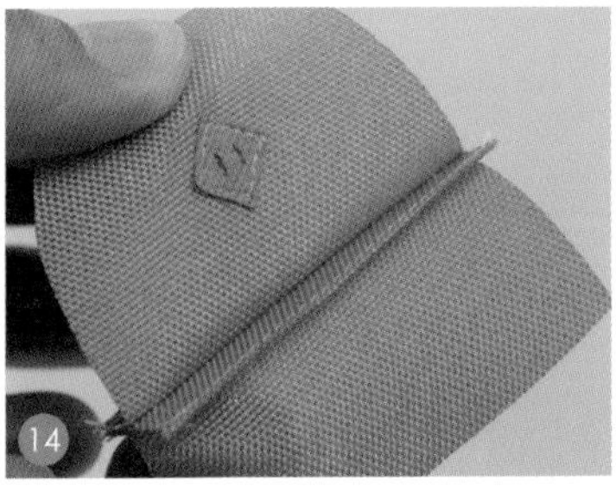
14

再將前面下部件夾住蓋口，重疊縫合。

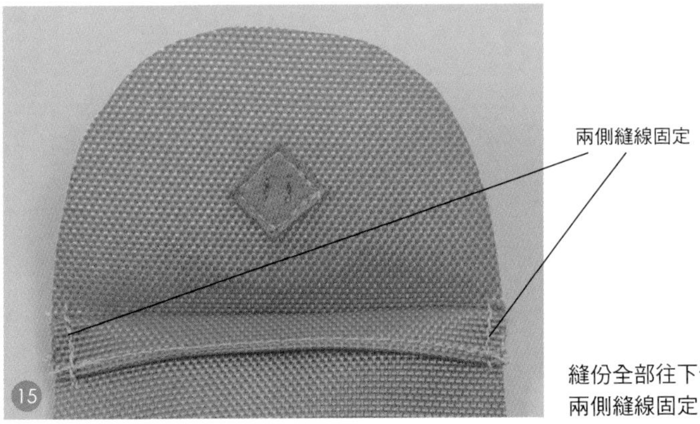
兩側縫線固定
15

縫份全部往下倒，
兩側縫線固定。

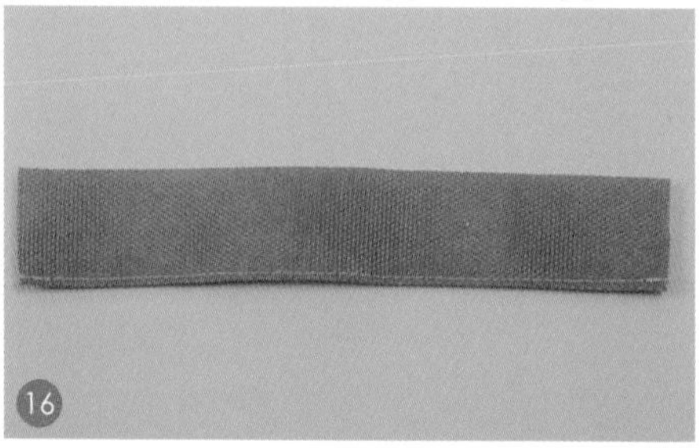
16

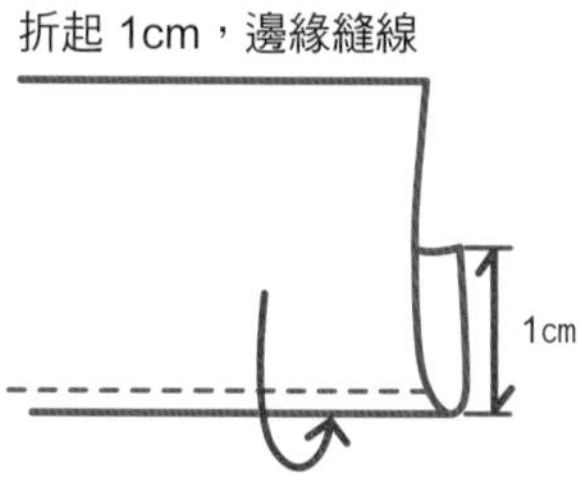
折起 1cm，邊緣縫線
1cm

拉鍊口布折起 1cm 的縫份，在邊緣縫上縫線。

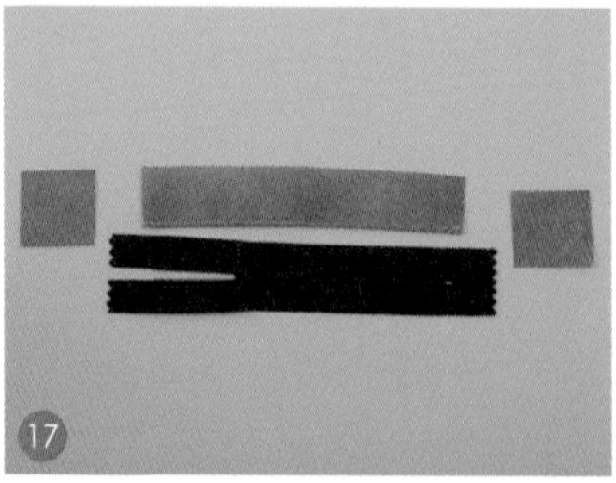
17

拉鍊、拉鍊口布和側寬縫合。

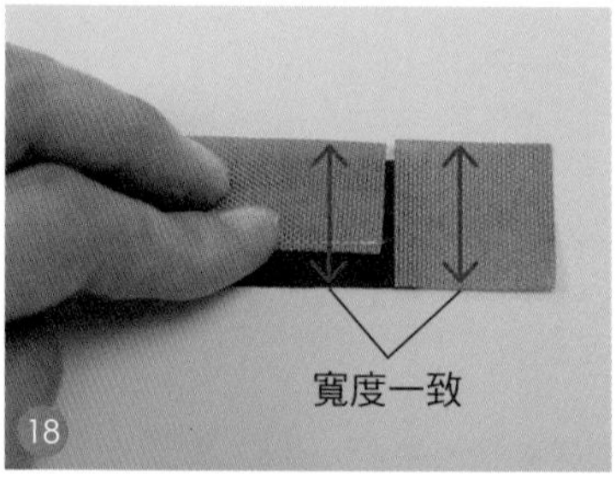
寬度一致
18

拉鍊與拉鍊口布重疊，寬度以及側寬一致。

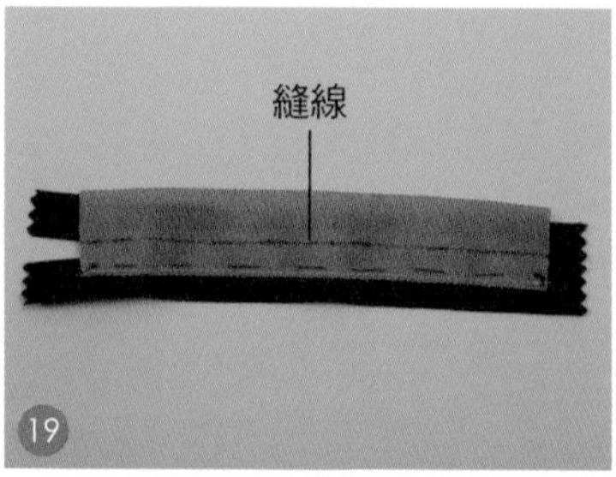
縫線
19

疏縫標註縫線。這時，稍微留意拉鍊下止位置，避免卡在側寬縫份位置。

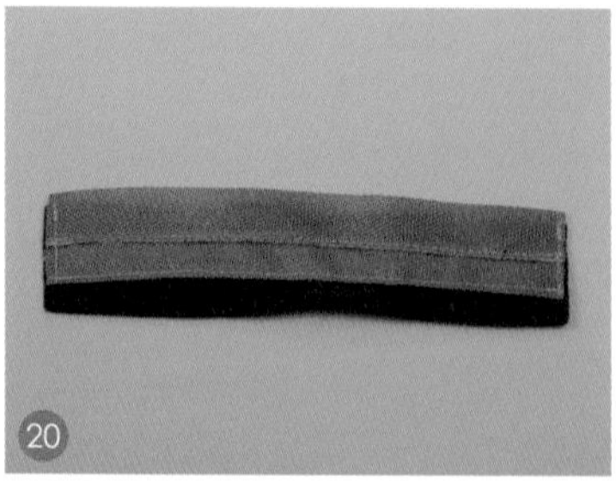
20

用縫紉機依縫線縫出 2 條縫線。剪去多餘的拉鍊長度，塗上防綻液。

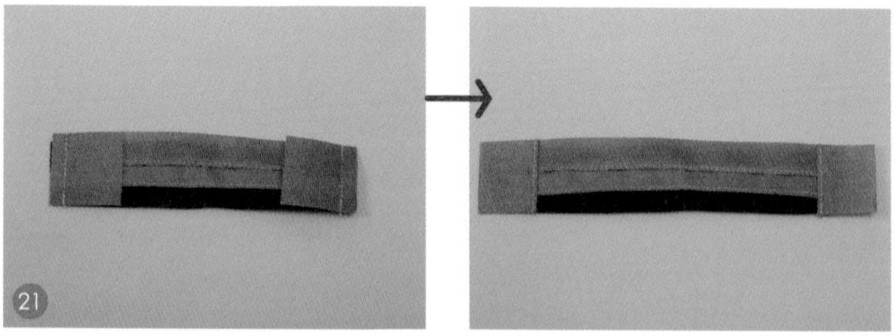
21

拉鍊兩側與側寬縫合。縫份往側寬倒，再縫線固定。

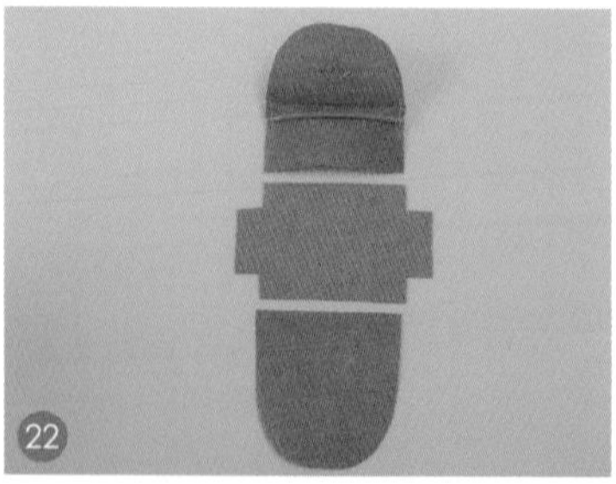
22

底寬與前面和背面部件縫合。

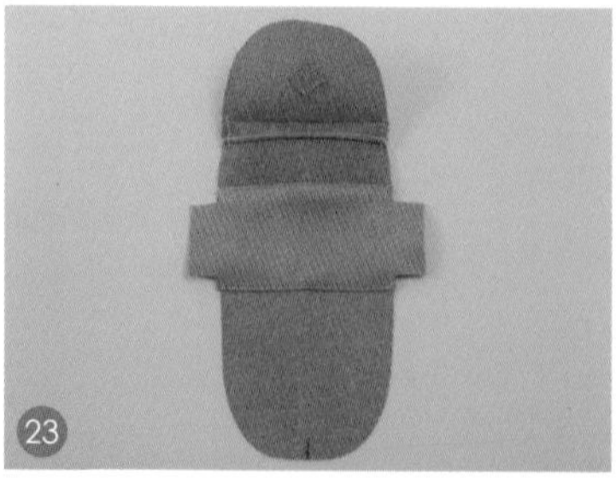
23

正面相對縫合後，縫份往底寬倒，並縫線固定。

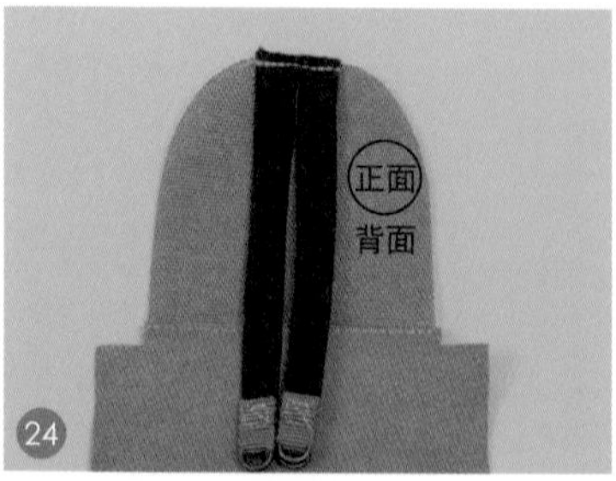
正面
背面
24

背帶部件縫合在背面中心。

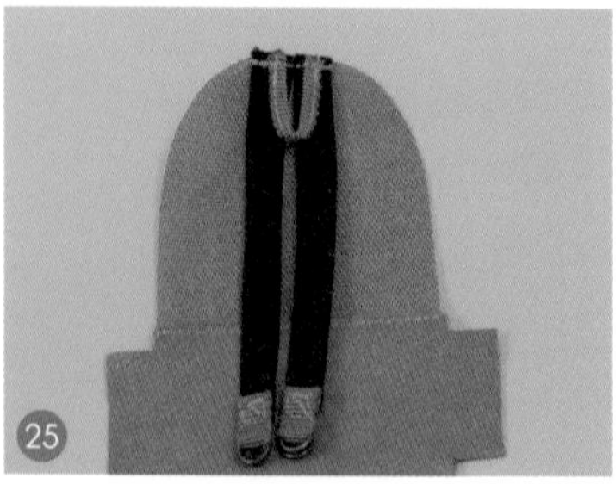
25

背帶上端與提把重疊縫合。

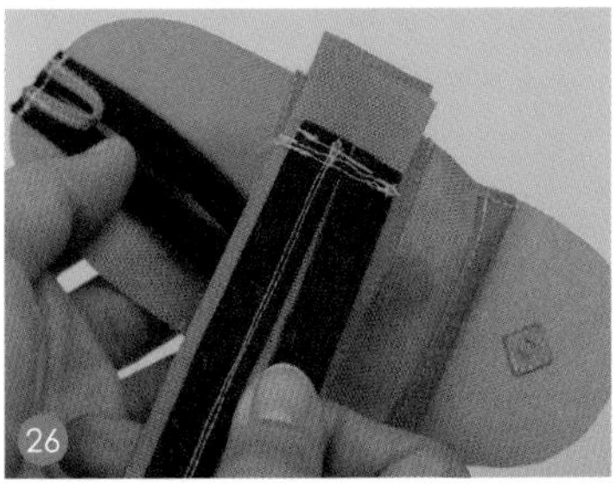
26

側寬與底寬正面相對縫合。

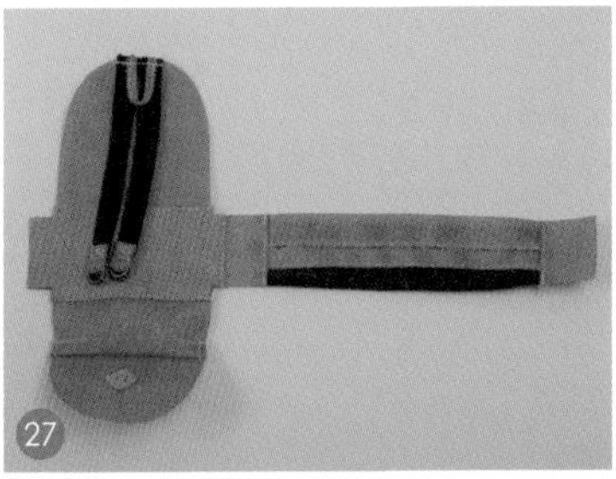
27

縫份往底寬倒，並縫線固定。

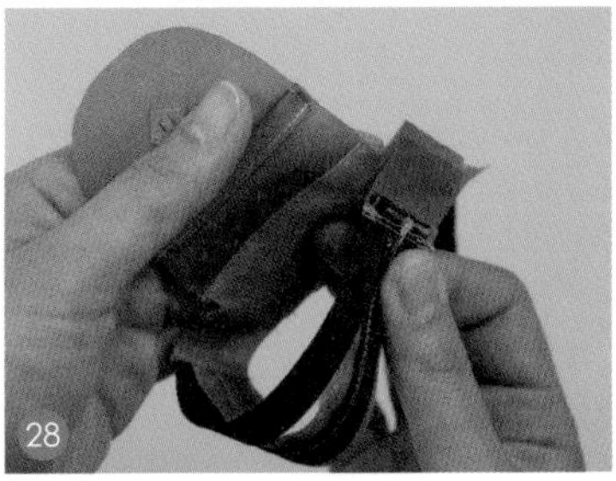
28

另一邊以相同方式縫合。

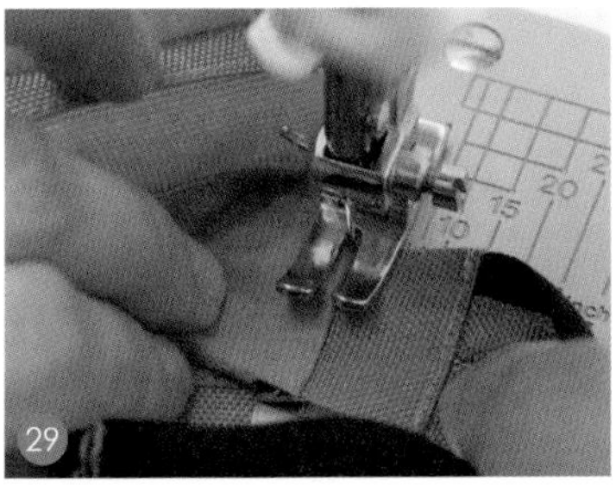
29

有點難縫，但還是一樣，將縫份縫上縫線固定。

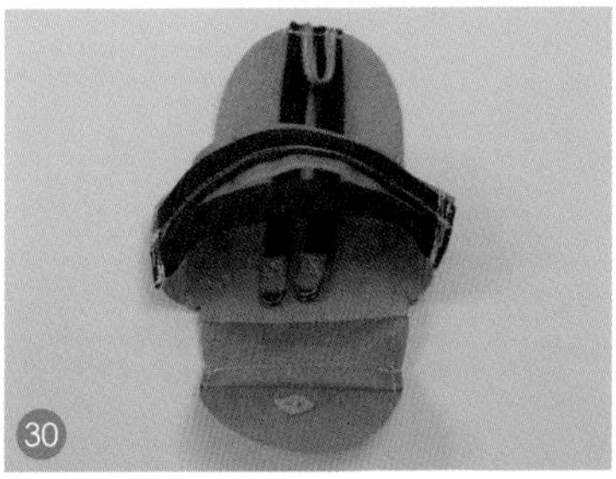
30

側寬縫合成功的樣子。

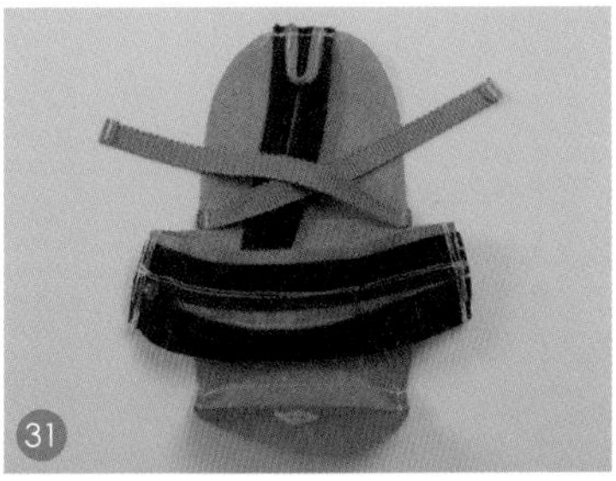
31

調節織帶部件縫在背面底寬拼接部分。織帶裡側朝上（織帶前端折起部分為裡側）。

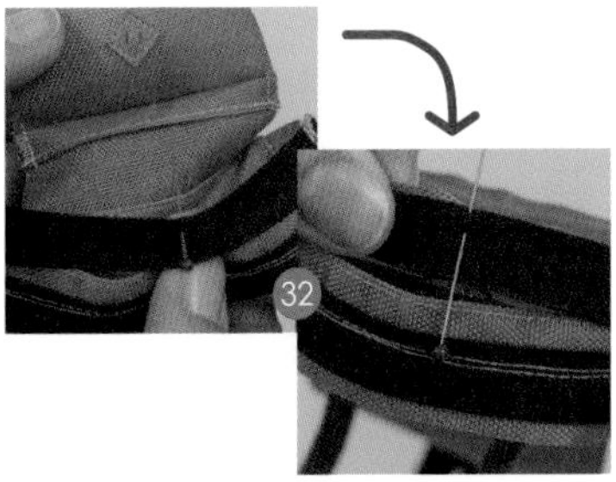
32

確認拉鍊中心，用珠針刺過，在前面中心標註記號，兩個中心對齊用珠針固定。這時，拉鍊呈打開狀作業。

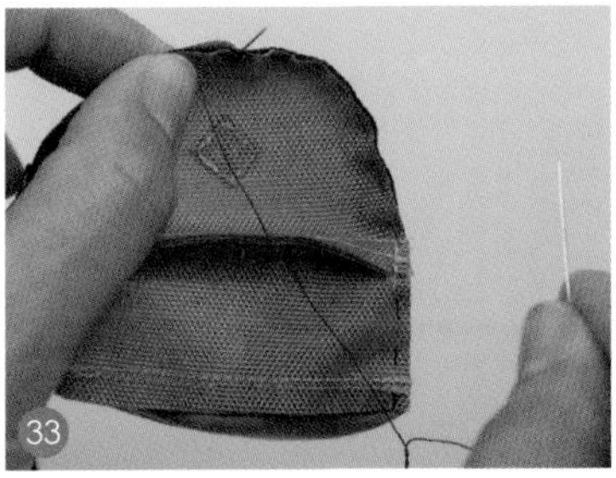
33

前面部件和側寬重疊，從底寬部分開始，沿前面部件邊緣疏縫固定。

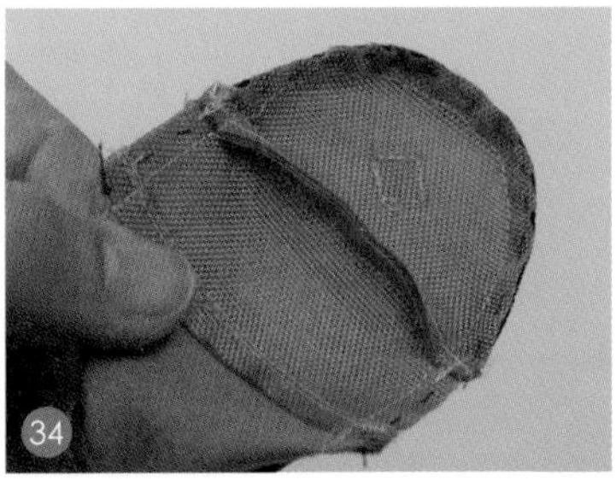
34

用縫紉機縫線固定。

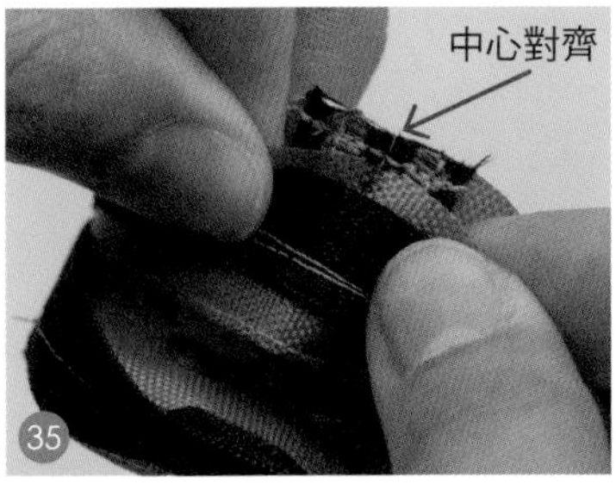
中心對齊
35

背面的中心和拉鍊中心對齊，用珠針固定。

36

前面以同樣方式疏縫固定。

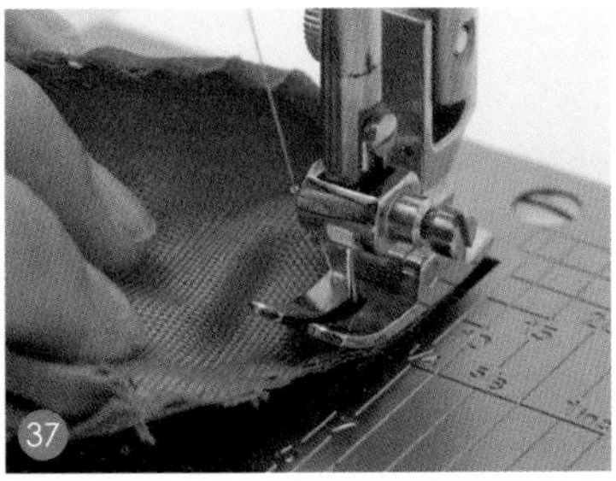
37

用縫紉機縫線固定。

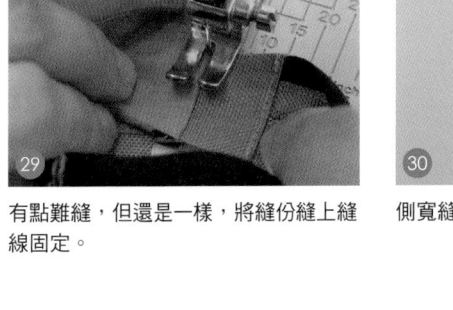

翻回正面。

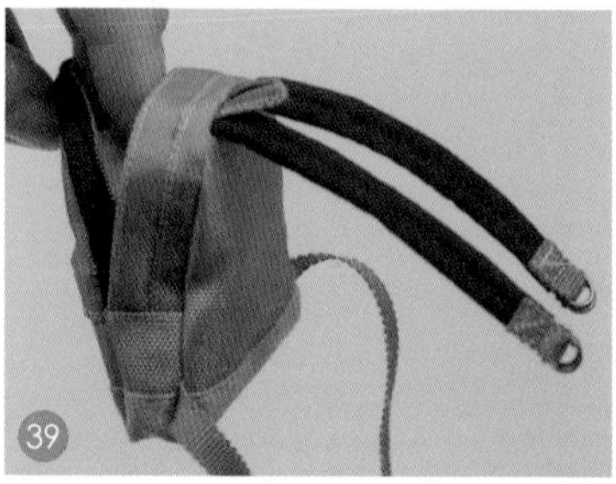
翻回正面的樣子。

調整織帶部件穿過圓型環。

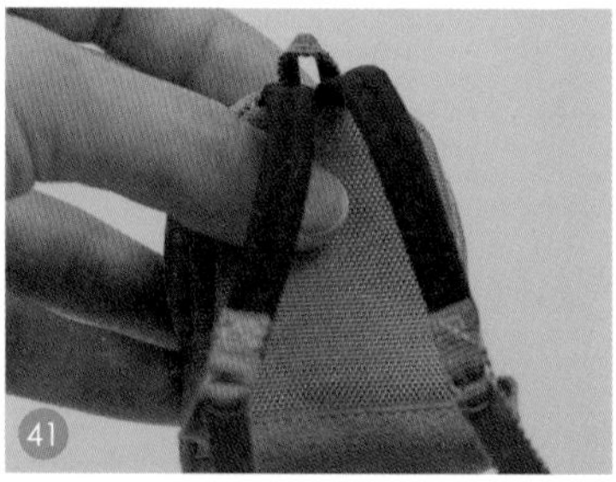
兩邊都穿過圓型環。

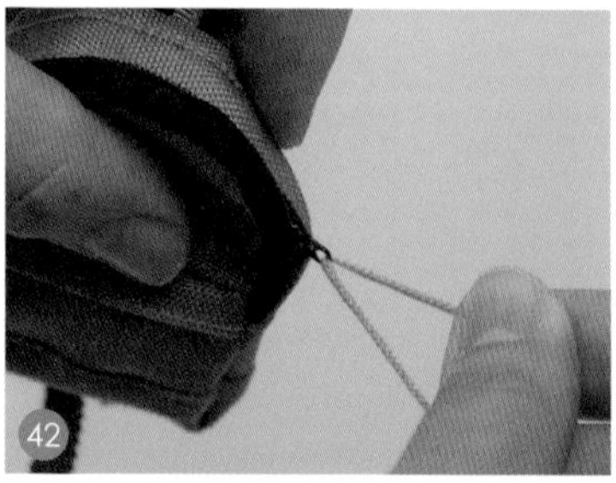
繩線穿過拉鍊頭打結，剪去多餘線頭。

完成。

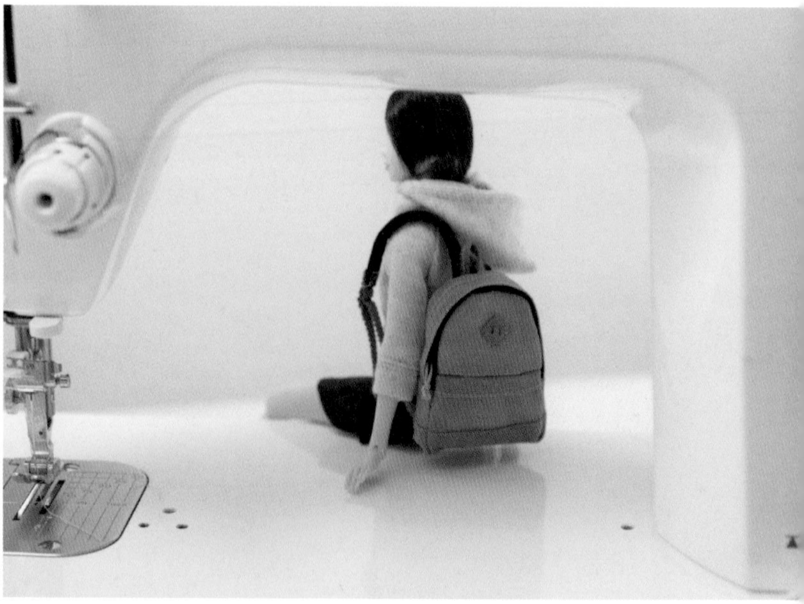

加上鑰匙圈，變成裝飾小物。

第二章

帽子

海灘遮陽帽的作法

紙型 p74

※全部為 S 尺寸的分量
表布材質（布襯）・・・14cm×12cm
裡布材質（細棉布等薄布料）・・・11cm×20cm

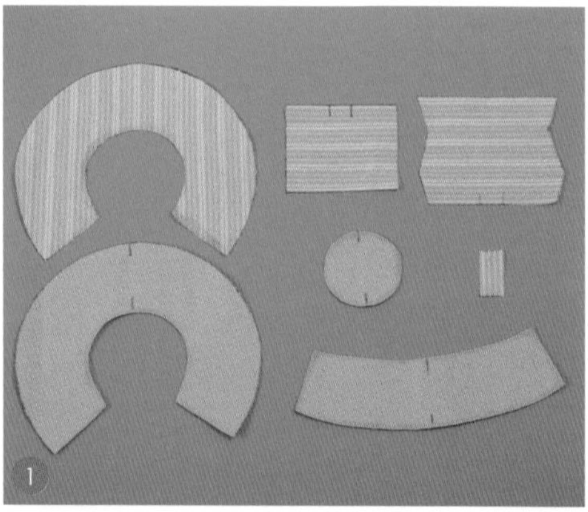

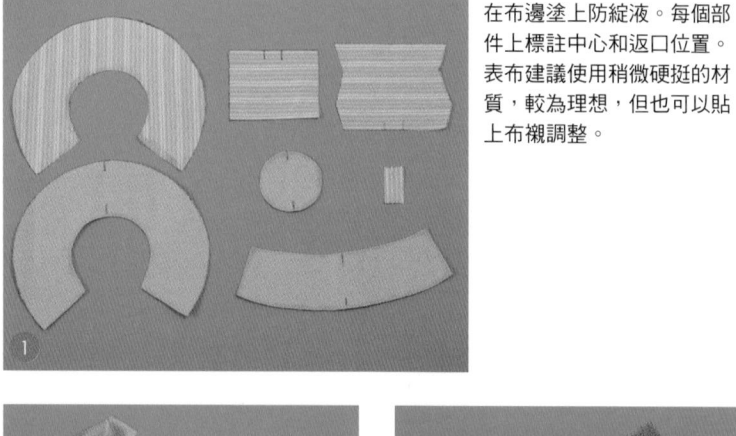

在布料上描出紙型，裁切並在布邊塗上防綻液。每個部件上標註中心和返口位置。表布建議使用稍微硬挺的材質，較為理想，但也可以貼上布襯調整。

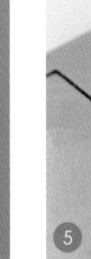

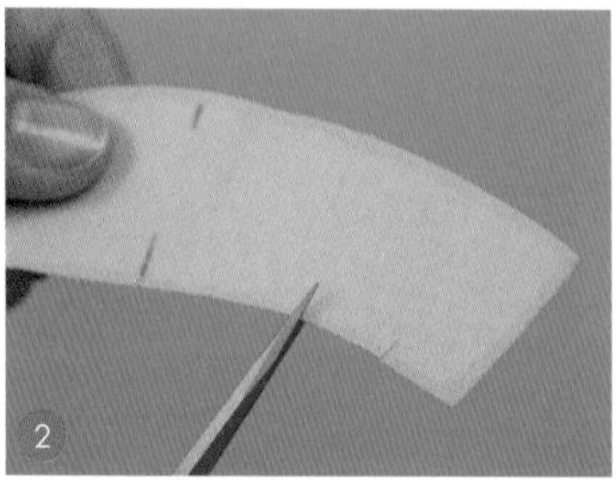

帽冠側邊的上部剪出牙口。

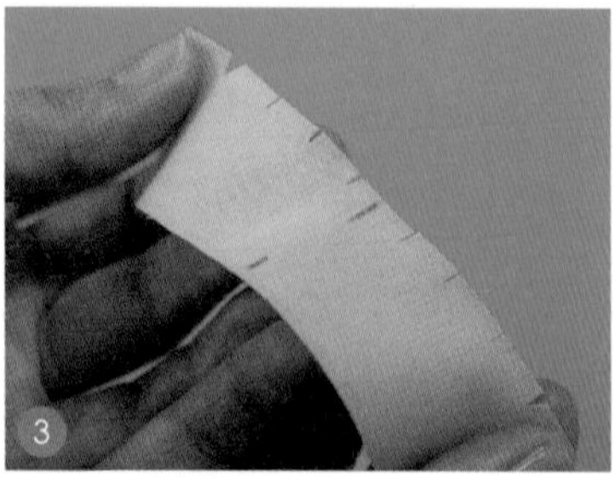

牙口剪好的樣子。

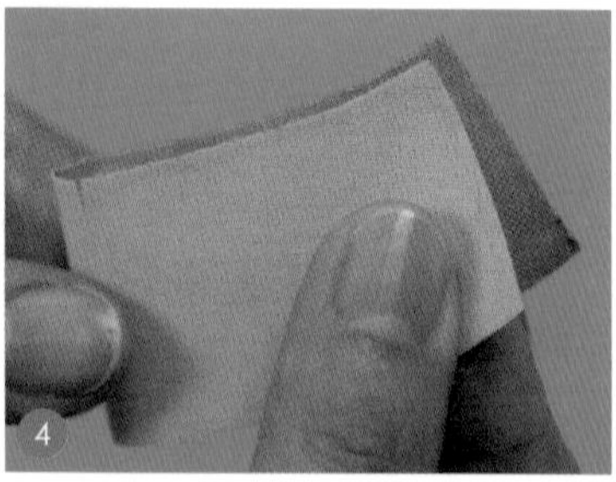

正面相對，對齊後中心。

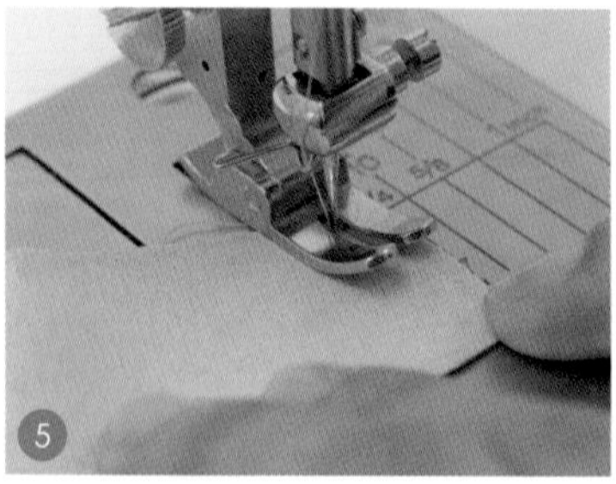

用縫紉機縫合。

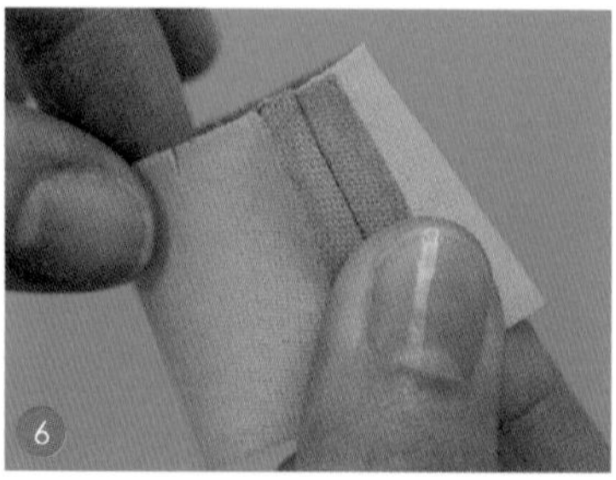

縫合後打開縫份。

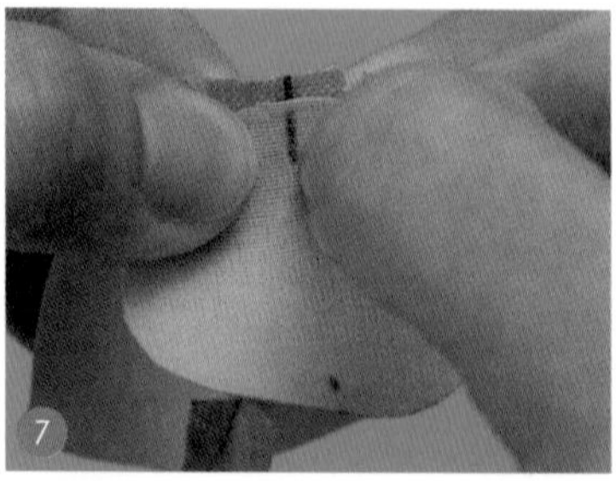

正面相對，帽冠側邊的中心和帽頂的中心對齊。

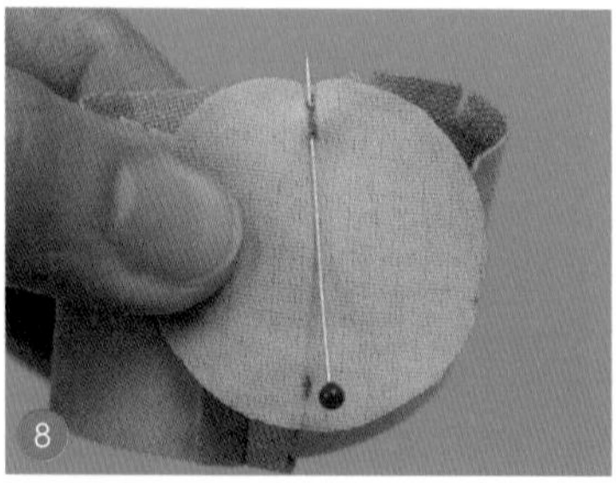

用珠針固定。

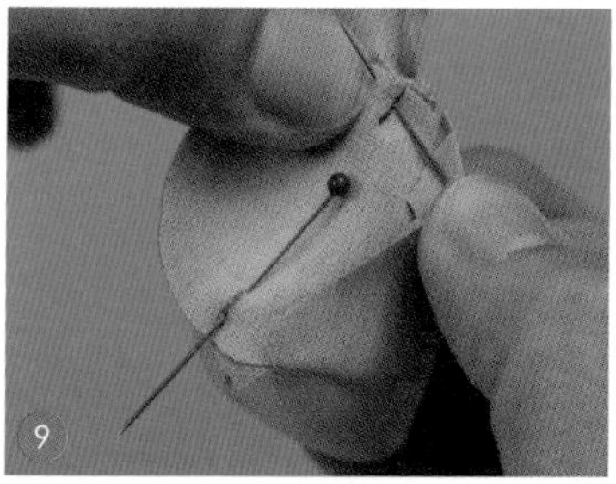

帽冠側邊的後中心和帽頂另一端的中心對齊，疏縫固定。

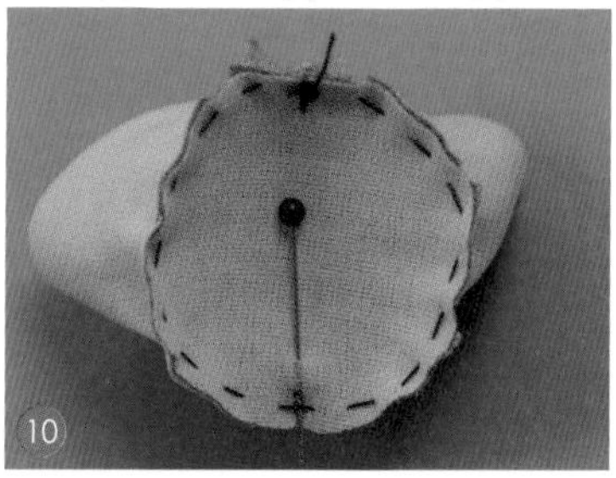

疏縫完成的樣子。

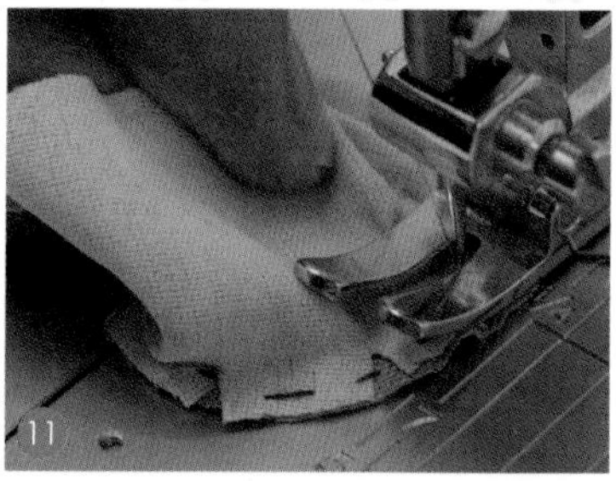

在帽冠側邊上用縫紉機縫合。縫合時請注意，將帽冠側邊橫向拉開，避免產生皺褶。

縫好的樣子。

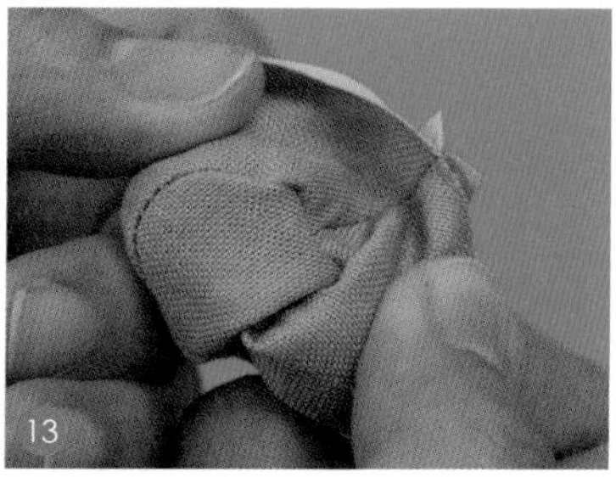

翻回正面。

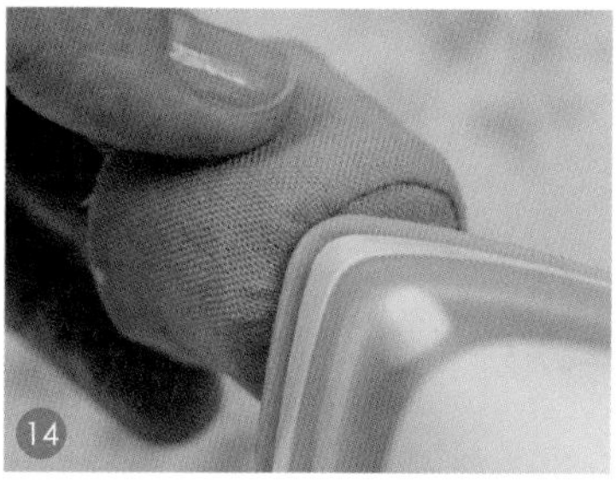

縫份往帽冠側邊倒，用熨斗輕輕熨平。小心燙傷。

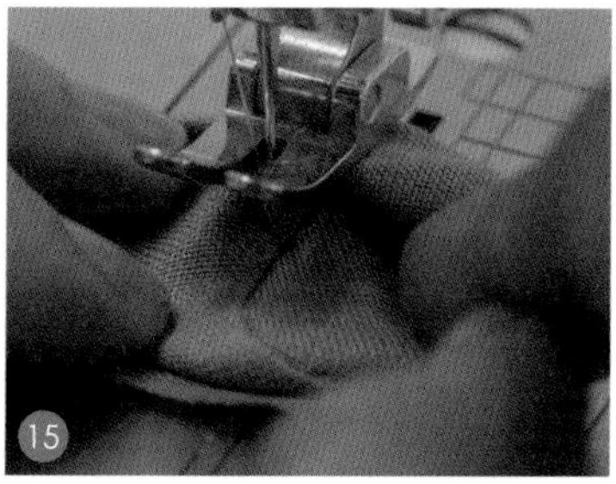

盡量將帽子壓平，並在帽冠側邊縫上縫線。這裡稍有難度，請慢慢一點一點縫上。

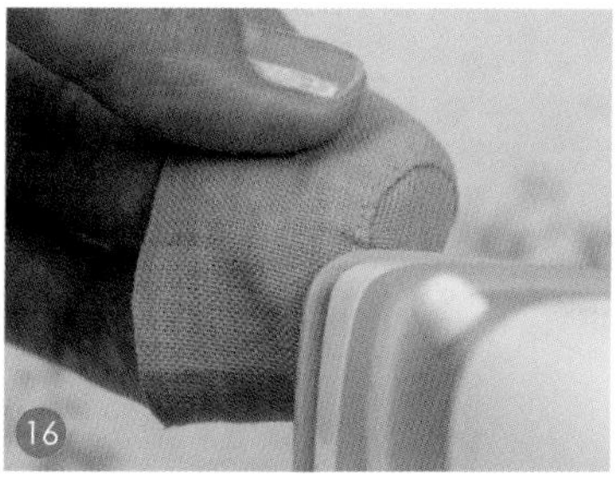

縫好後，再用熨斗熨平整，避免產生皺褶。

帽冠部分完成。

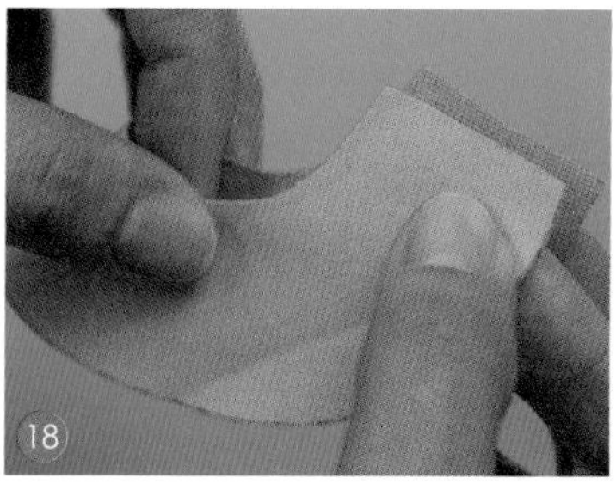

正面相對，從帽簷的後中心對折。

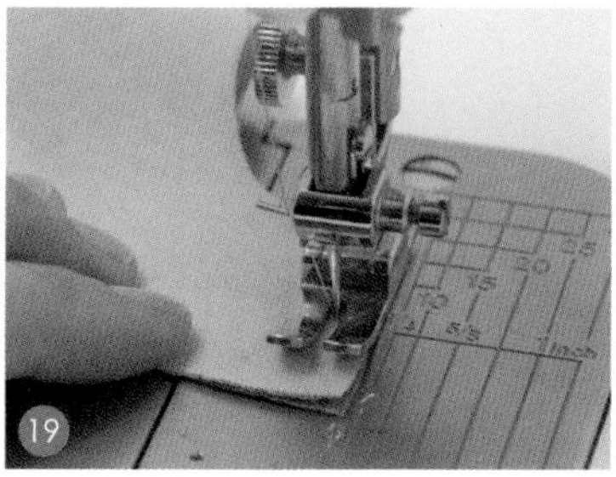

用縫紉機縫合。

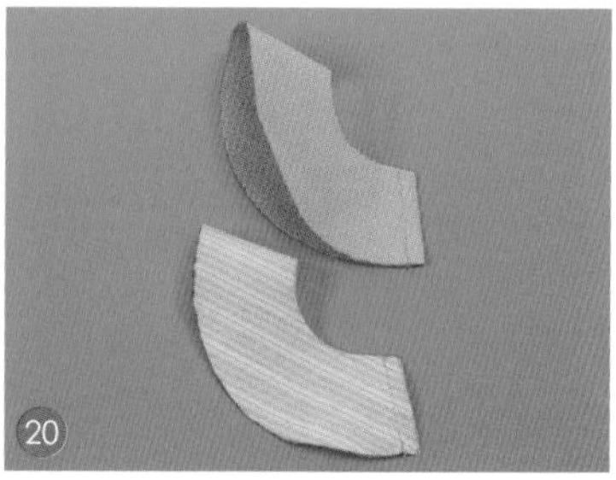

裡布以相同方式縫合。

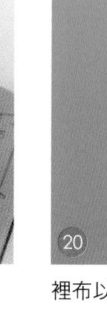

21

打開縫份用熨斗壓熨。

22

裡布以相同方式壓熨。

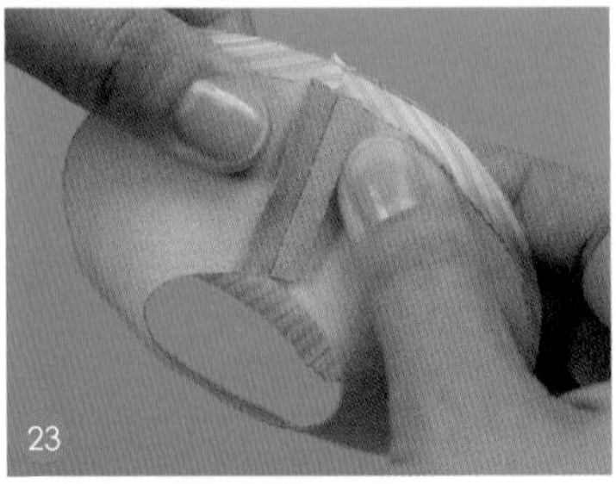
23

表布與裡布正面相對，對齊後中心，用珠針固定。

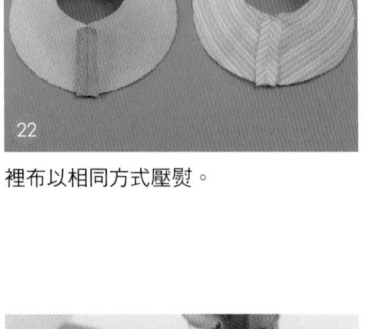

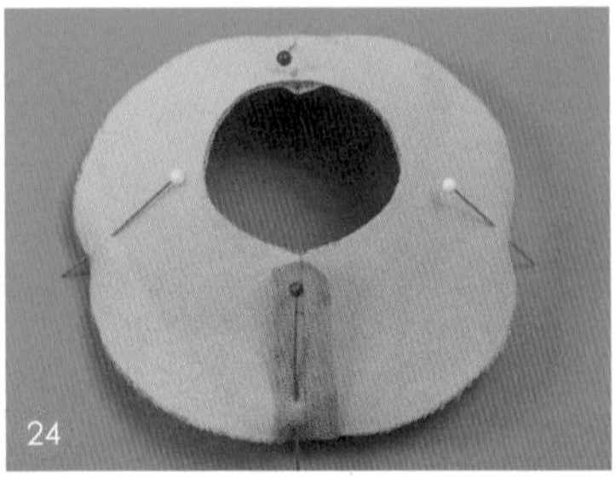
24

前中心、側邊也分別對齊，用珠針固定。

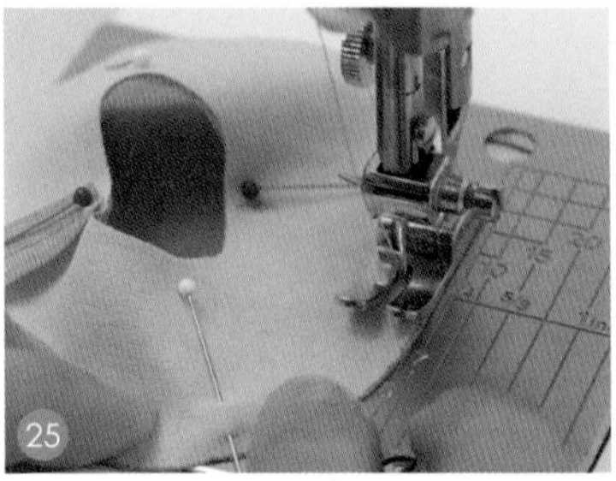
25

用縫紉機縫合一圈。

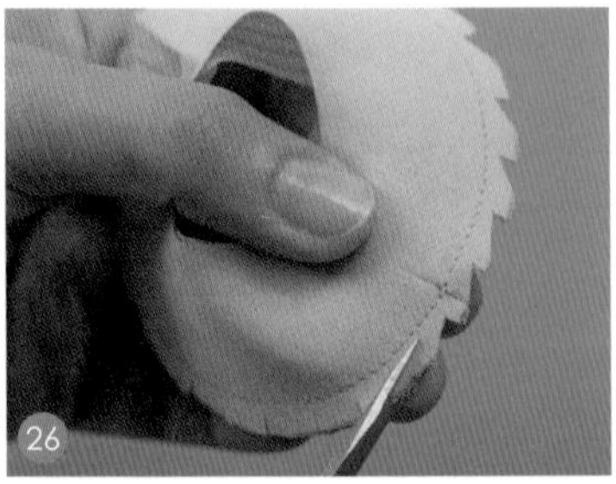
26

縫合後，在縫份剪出牙口，剪成鋸齒狀。

27

剪好的樣子。

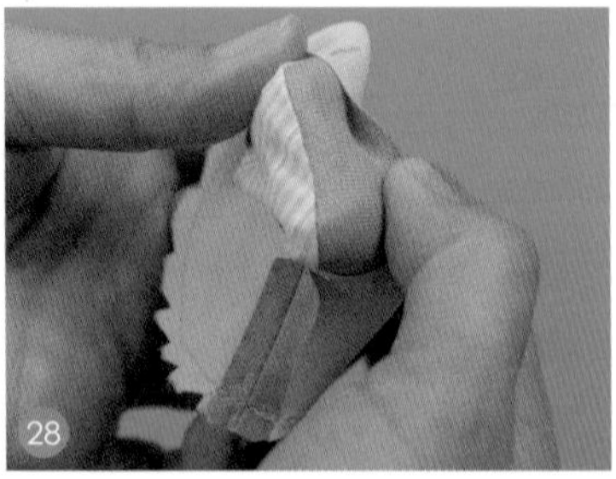
28

翻回正面。

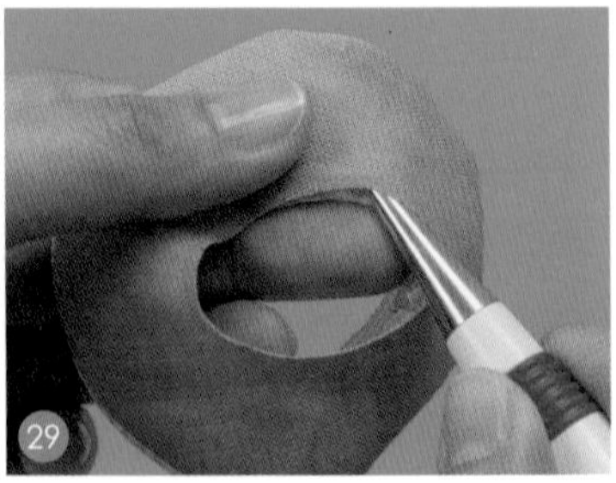
29

用錐針整理出漂亮的弧度。

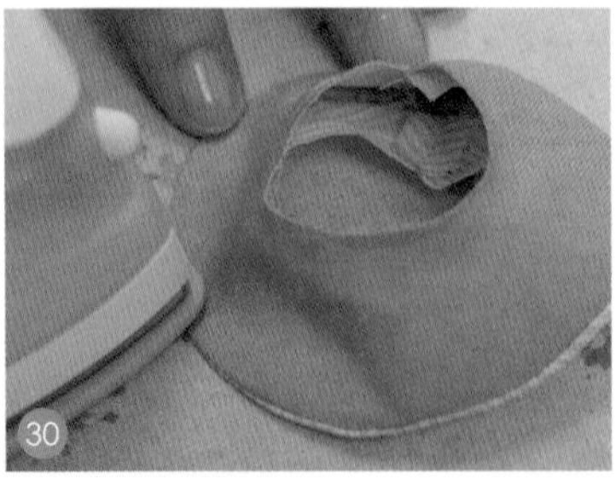
30

縫合處用熨斗熨平整。

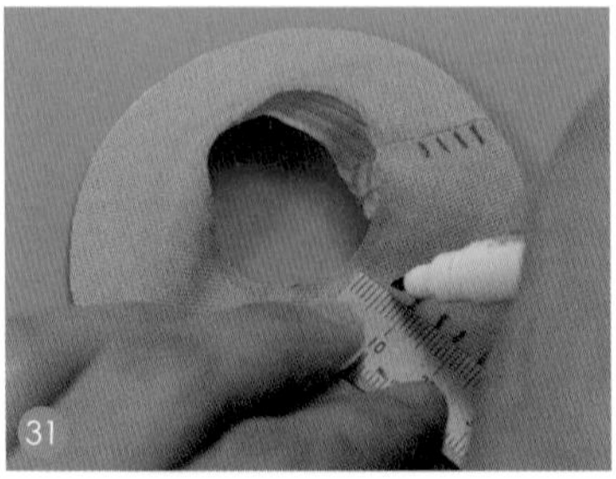
31

為了在帽簷縫上一圈一圈的縫線，先標註大概的縫線位置。

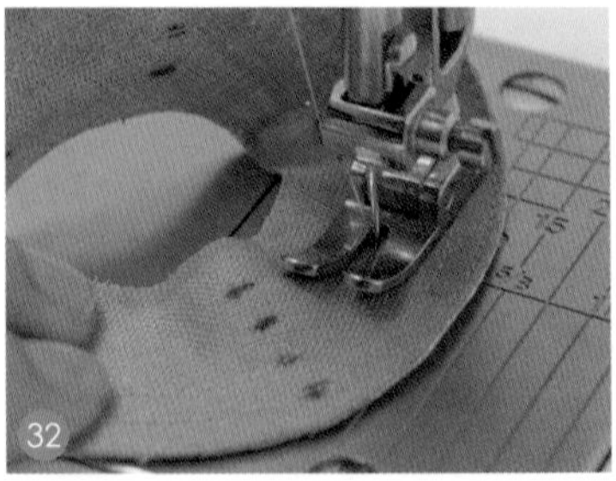
32

用縫紉機縫線，不是每縫一圈就離針，而是縫至下一個縫線的位置，繼續一圈一圈縫下去。

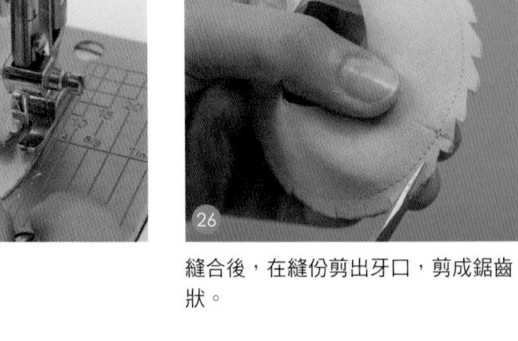

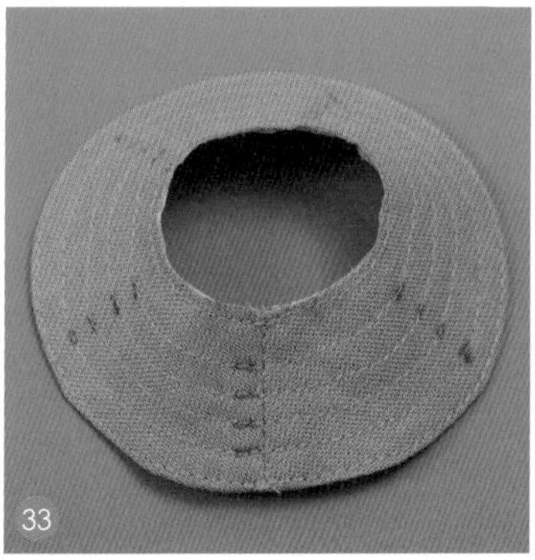
33

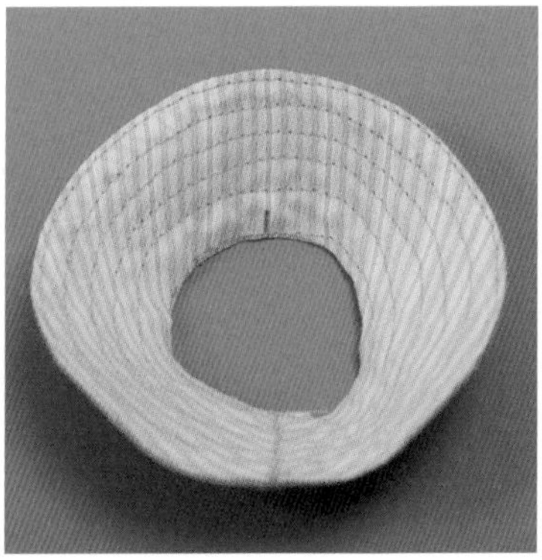

縫好的樣子。

34

接合帽冠和帽簷。

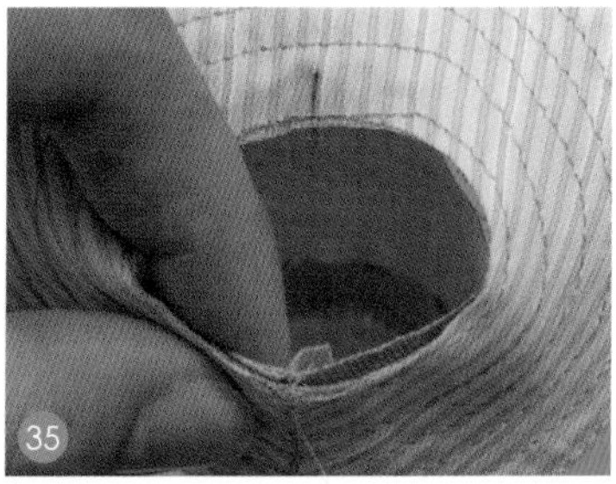
35

前中心和後中心完全對齊。

36

用珠針固定。

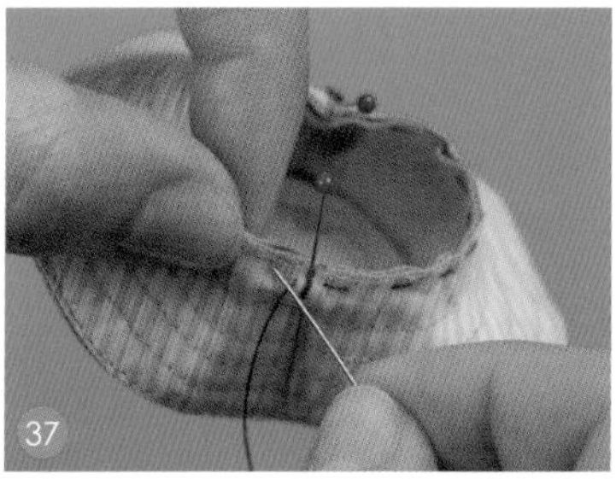
37

疏縫一圈固定。

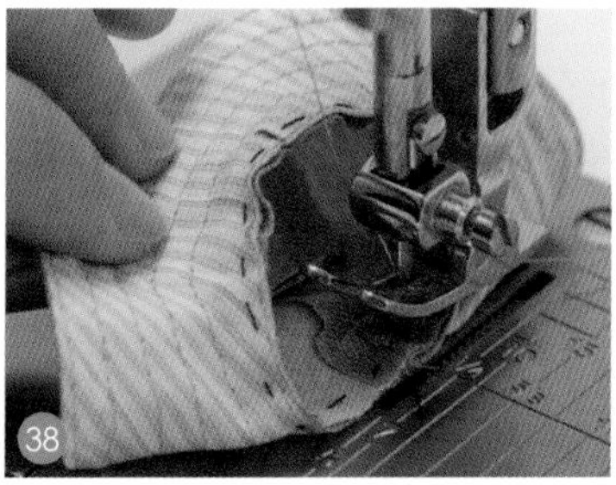
38

用縫紉機從帽冠內側縫合。

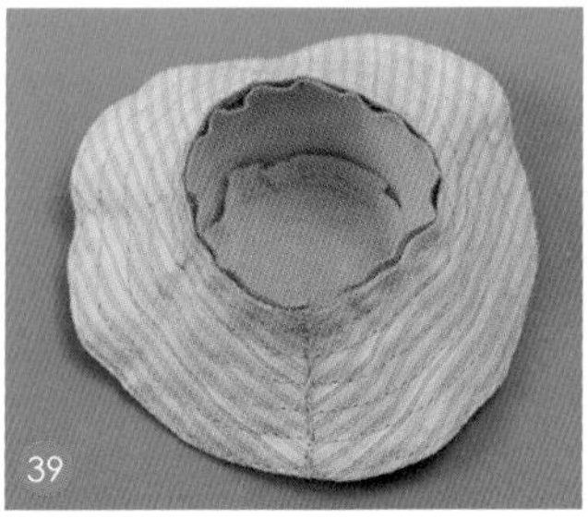
39

縫好的樣子。

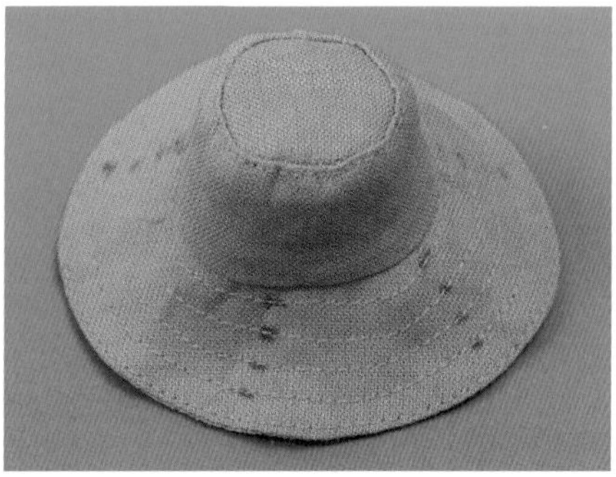

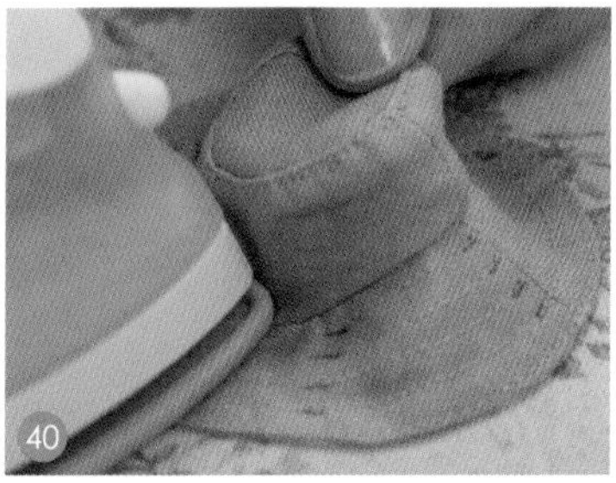
40

縫份往帽冠倒，用熨斗壓熨。

41

用縫紉機縫上縫線。

42

帽子成型。

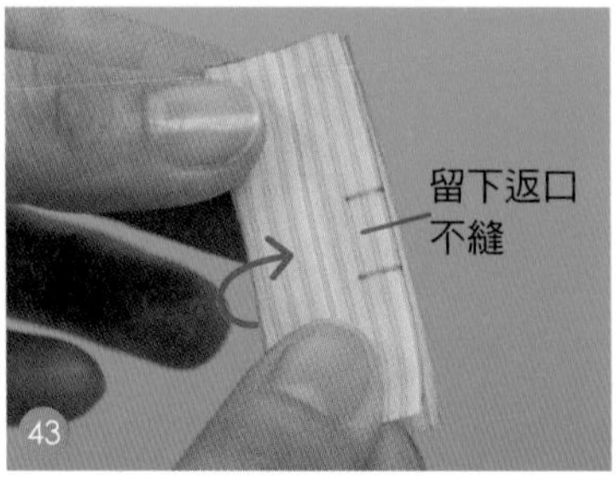

43
留下返口
不縫

緞帶 A 部件從正面對折。

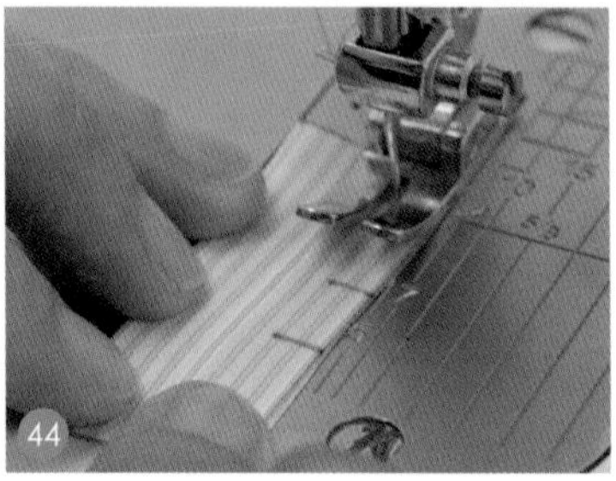

44

預留返口，其餘用縫紉機縫合。

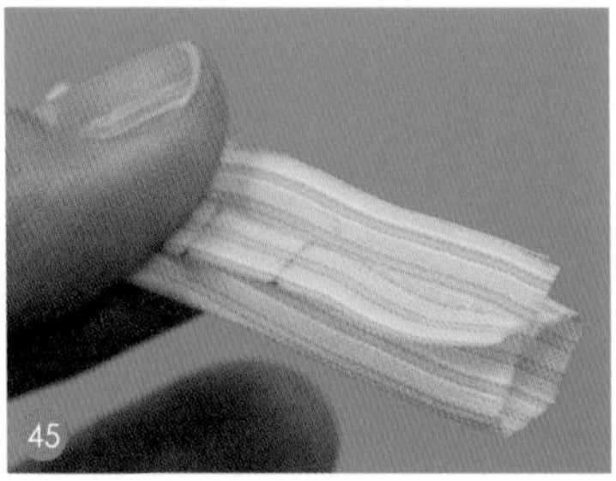

45

縫份打開，以縫份為中心對折。

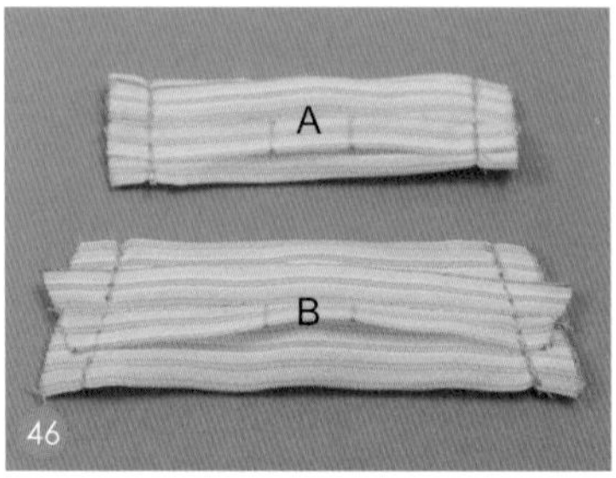

A
B
46

兩側縫合。緞帶 B 的縫法相同。

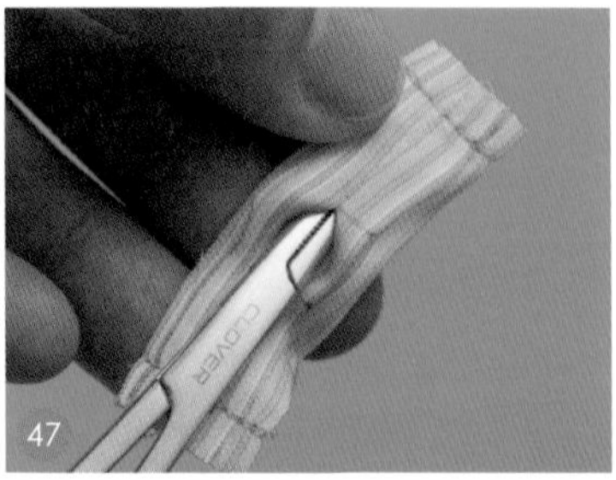

47

用返裡鉗從返口翻回正面。

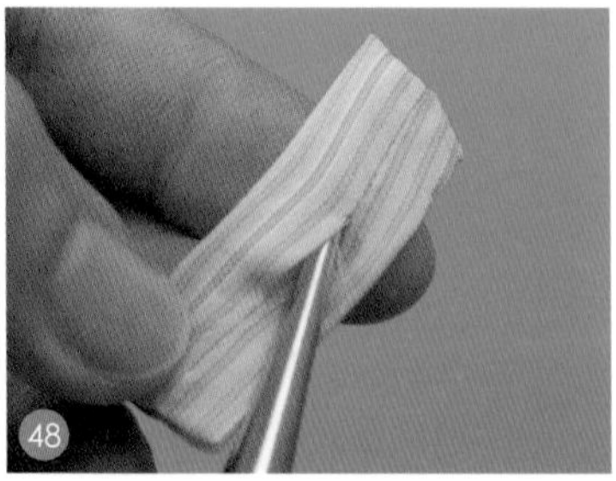

48

用錐針整理出邊角形狀。

49

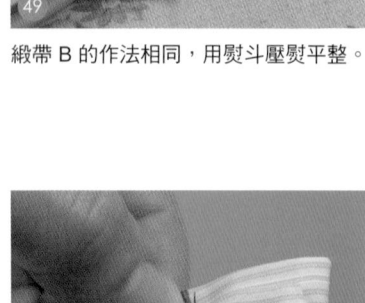

緞帶 B 的作法相同，用熨斗壓熨平整。

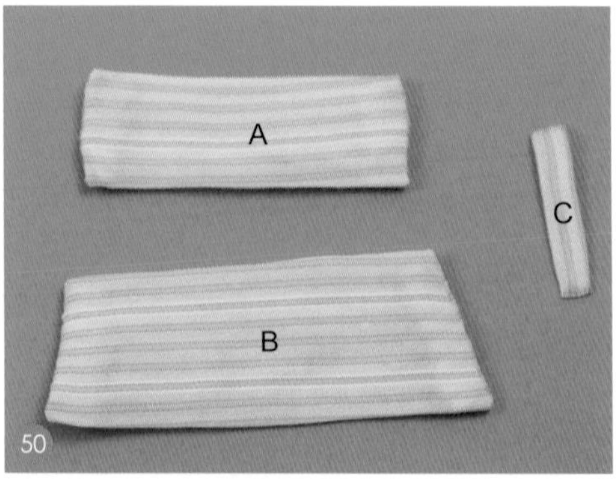

A
C
B
50

緞帶 C 的兩側內折後壓熨。

緞帶 C 折疊方式

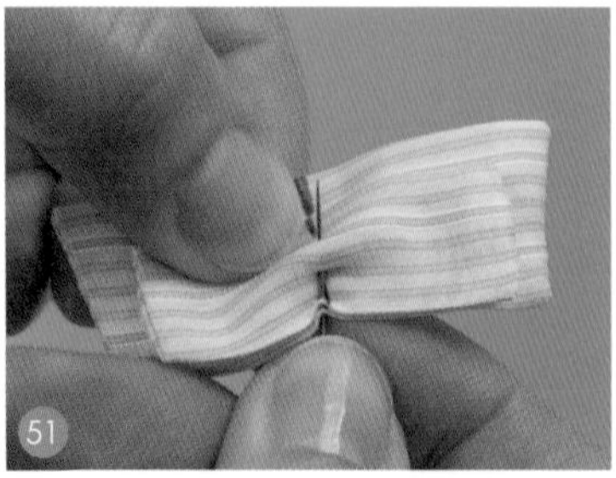

51

A、B 中心對齊重疊，平針縫縫合。

52

收緊縫線後，繞數圈繞緊。

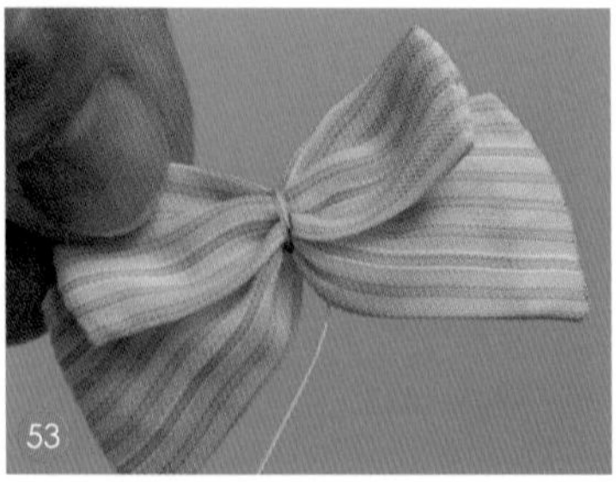

53

將緞帶收整漂亮，針從前面穿過後收針打結。

54

將緞帶 C 的一端縫在內側。

55

緞帶 C 部件在中心繞圈繞緊，將布邊內折後，縫在另一端的上面。

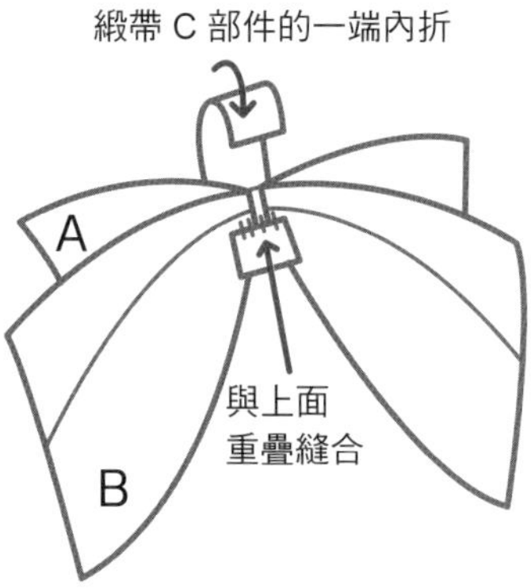
緞帶 C 部件的一端內折
A
與上面
重疊縫合
B

56

緞帶部件與帽子縫合。

57

完成。

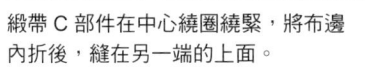

針織帽的作法 紙型p75

※全部為 S 尺寸的分量
薄針織布・・・7cm×10cm
內襯軟薄紗・・・7cm×10cm
絨毛布（用於絨球）・・・4cm×4cm

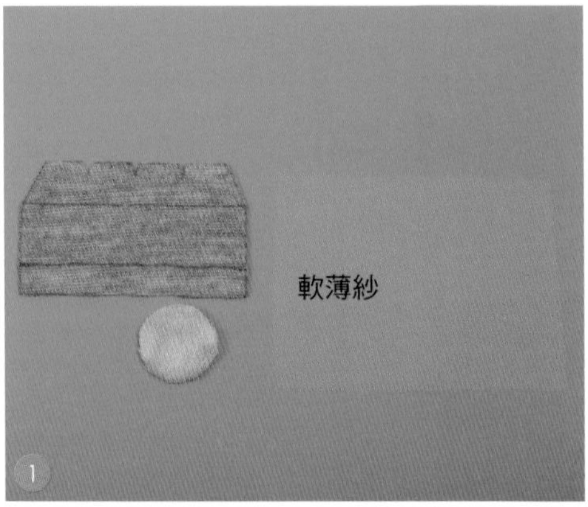
軟薄紗
1

在布料上描繪、裁切出紙型。標註折線和打折線的縫線止點位置。不裁切裡布，直接使用。

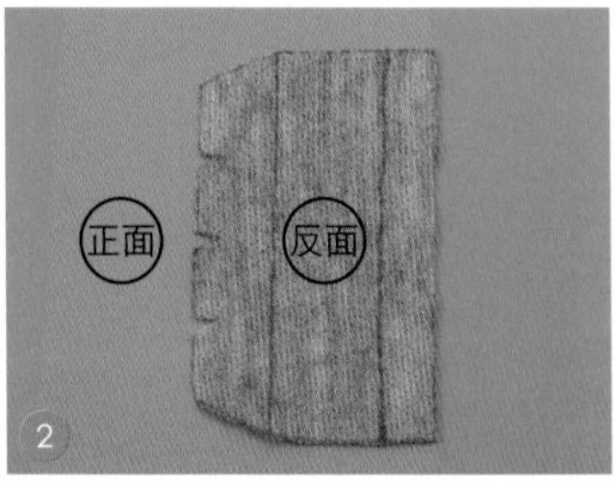
正面
反面
2

裡布與針織布的布邊對齊，正面重疊。

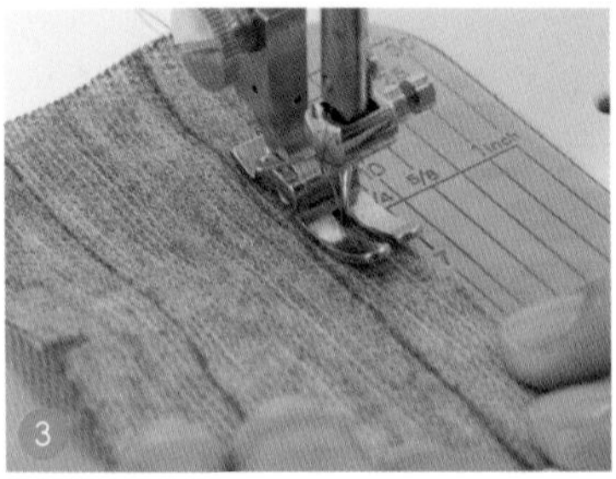
3

用縫紉機縫合帽口。

4

縫份往薄紗倒，用熨斗壓熨。

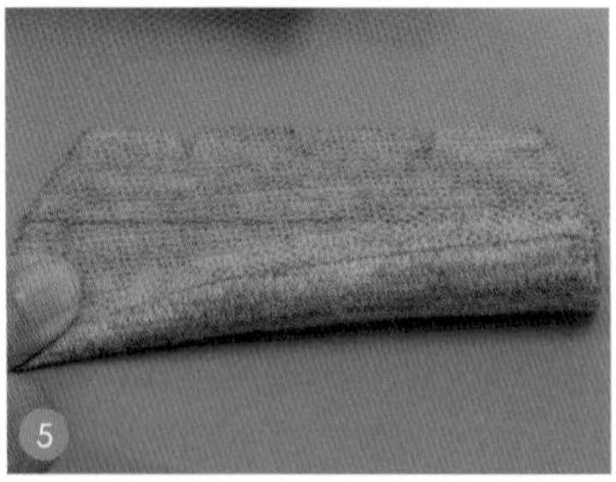
5

針織布沿折線折，裡布與針織布反面完全重疊。

6

用熨斗清楚壓熨出折線。

7

針織布的邊緣縫上縫線，與裡布縫合。

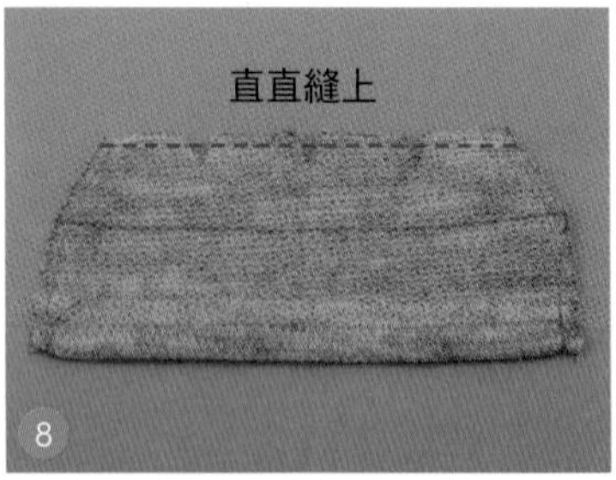
直直縫上
8

縫合後，不要依照打折的三角形曲折縫線，直直縫上即可。

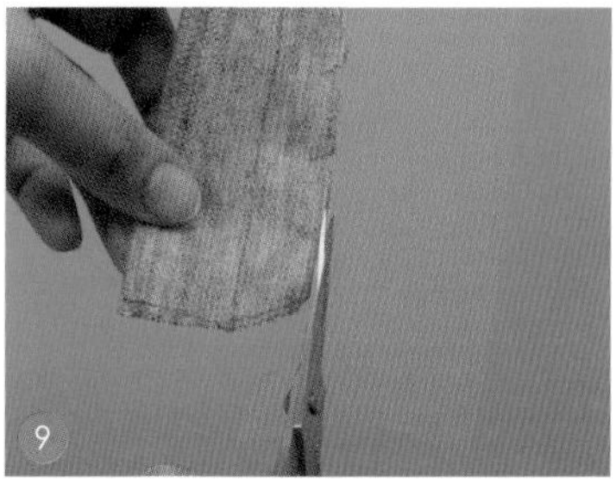
9

沿著針織布，裁剪裡布。

縫合
10

三角打折處往中央折後縫合。

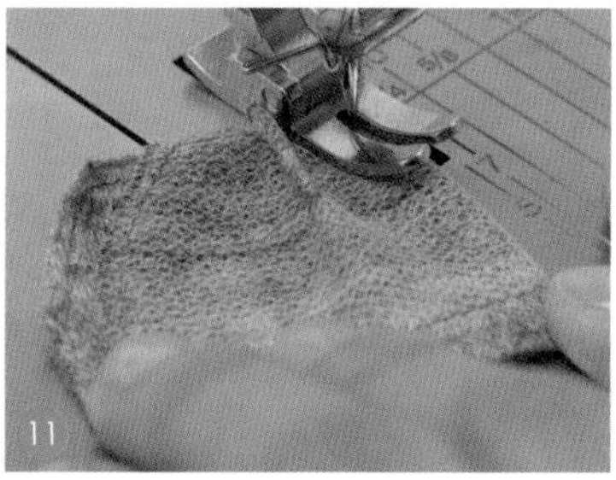
11

三處打折三角形的縫法相同。

反面
正面
12

縫好的樣子。

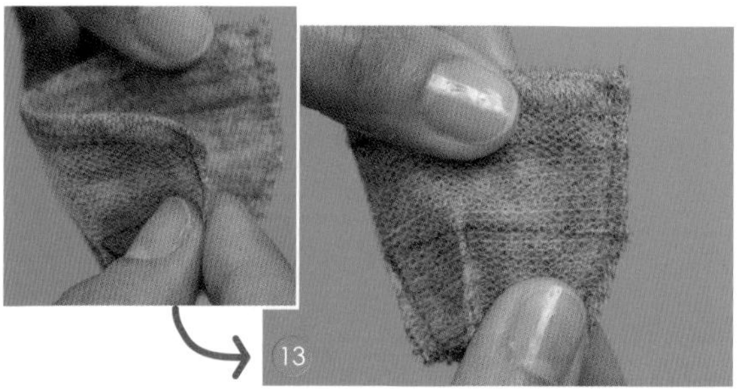
13

從後中心正面對折。

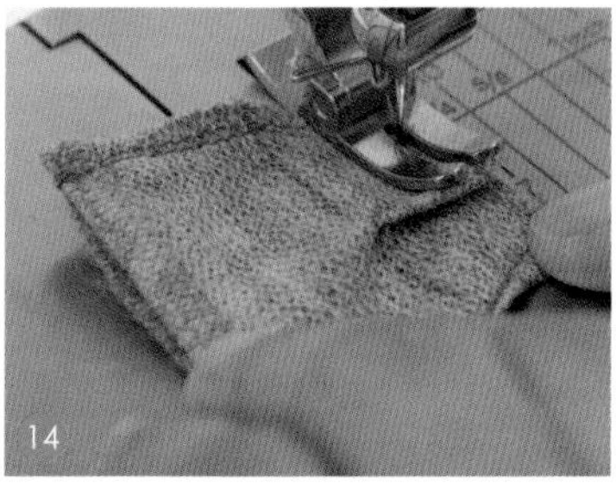
14

從後中心縫合至頂端。

連續縫
15

縫好的樣子。

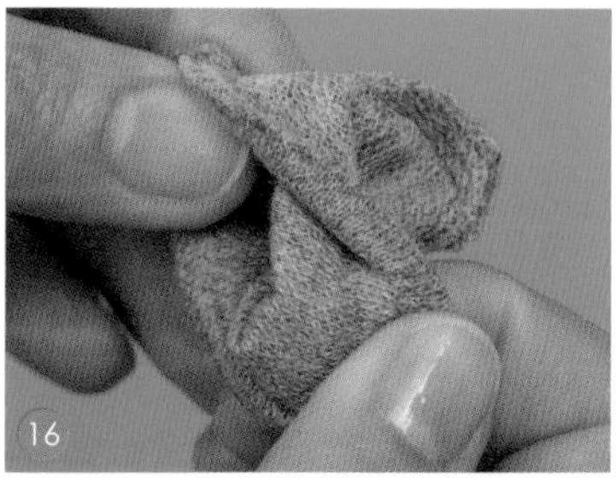
16

翻回正面。

17

帽子成型。

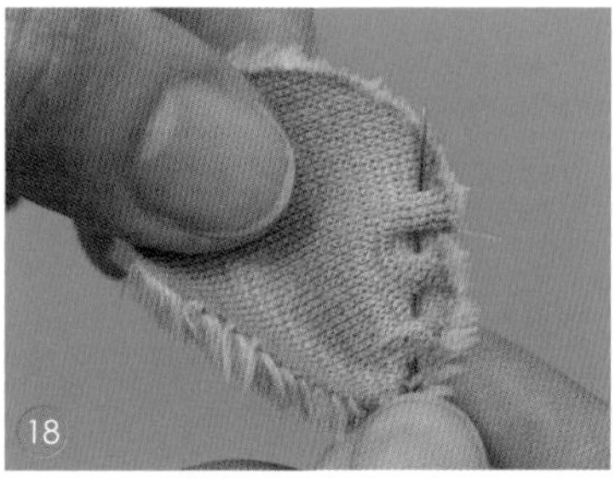
18

絨球部件邊緣，用平針縫一圈。

19

縫一圈後，收緊縫線。

20

避免收緊的縫線鬆開，用針來回刺穿縫牢。

21

絨球部件完成。

22

直接縫在針織帽的頂端。

23

完成。

JUKI
SPUR 25 DX

第三章

其他小配件

假領片的作法 紙型 p80

與細棉布或細平棉布薄度相等的布料・・・6cm×8cm
極小圓珠・・・1 顆
3mm 珍珠・・・1 顆

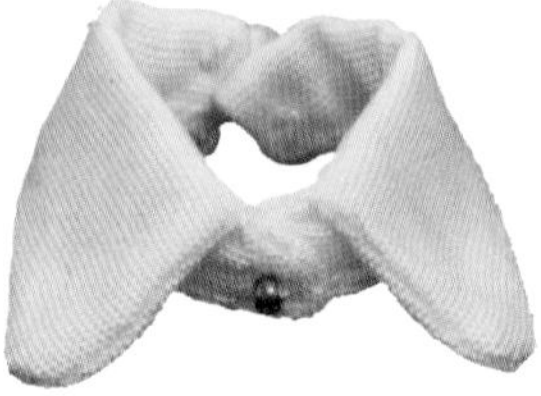

在布料上描出紙型。上部周圍沒有標註縫份，所以畫出完成線縫線。

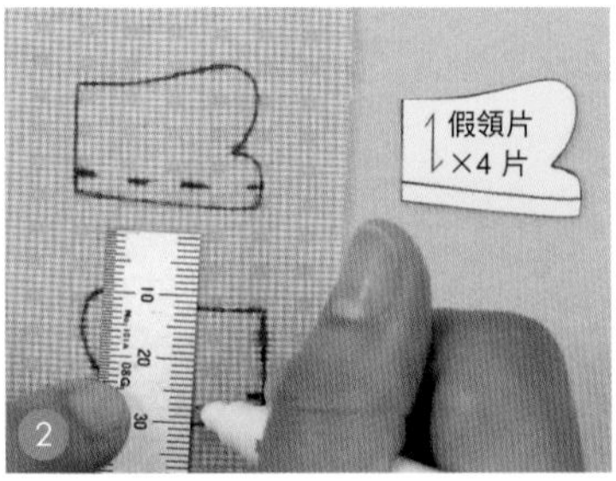
假領片
×4 片

下部有標註縫份，直接描出完成線。

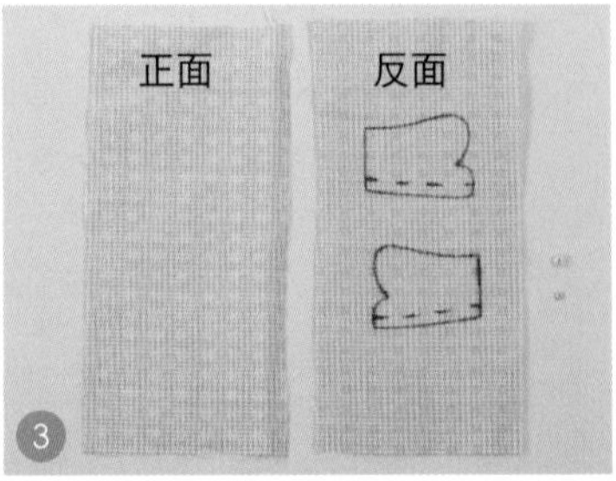
正面
反面

描出紙型的布料還其他材料。

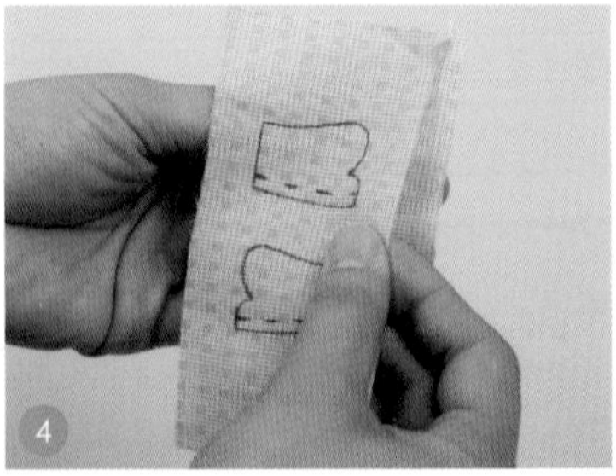

2 片布料正面相對重疊。

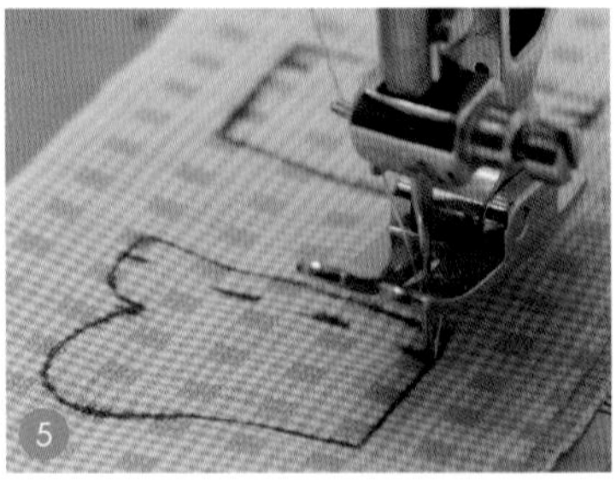

預留下部的縫份，沿上部完成線縫線。

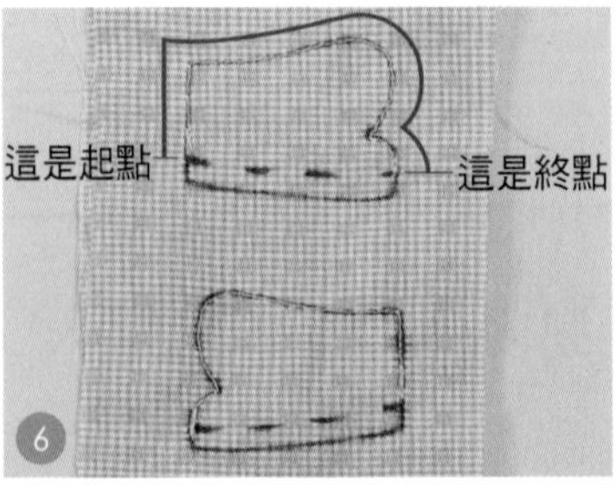
這是起點
這是終點

縫好的樣子。

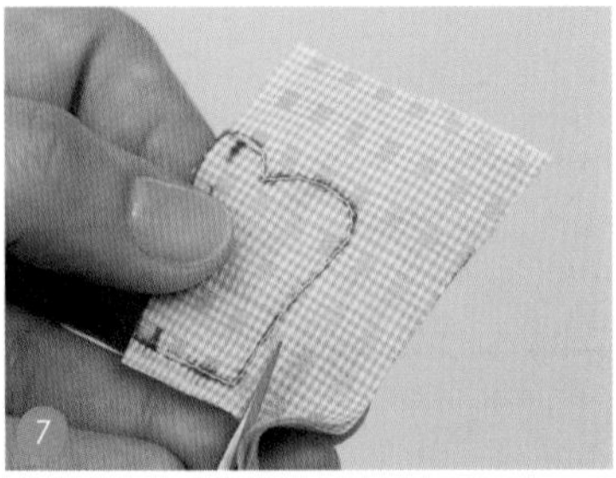

預留約 3mm 縫份，依形狀剪下。

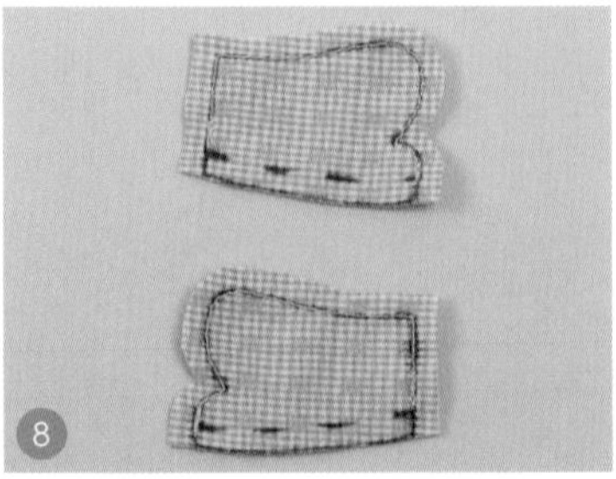

剪好的樣子。

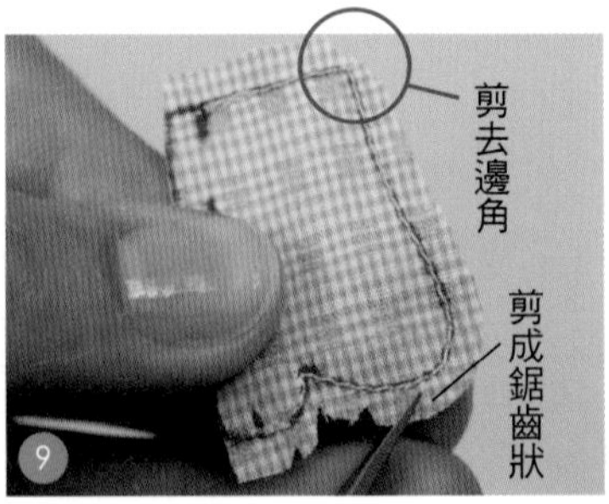
剪去邊角
剪成鋸齒狀

剪去邊角，在弧線處剪出牙口，剪成鋸齒狀。

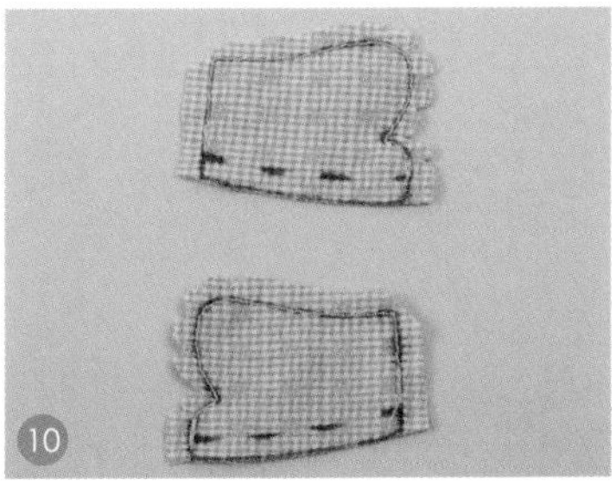
10
剪好的樣子。

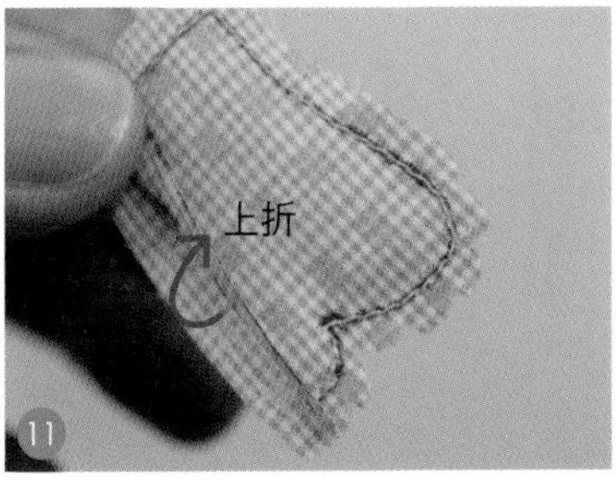
11
上折
預留的縫份往上折。

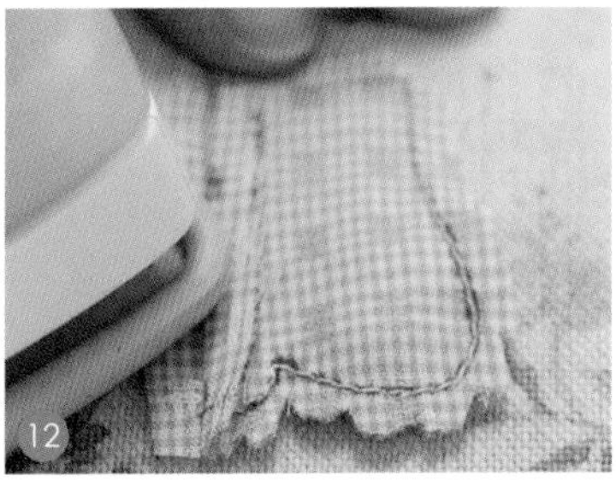
12
上折的縫份用熨斗壓熨。

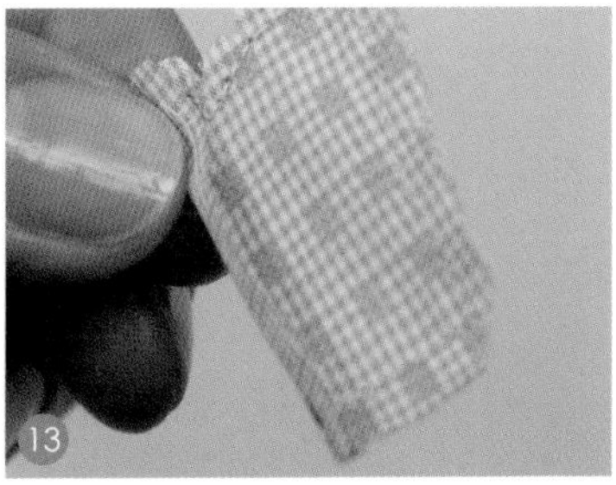
13
另一邊的縫份作法相同。

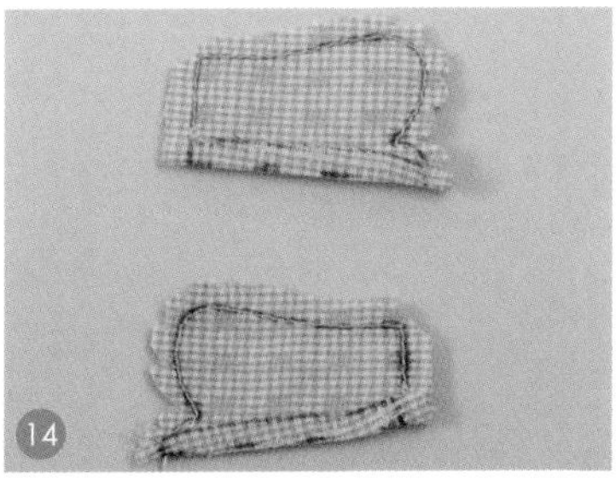
14
另一個部件以同樣方式上折縫份。

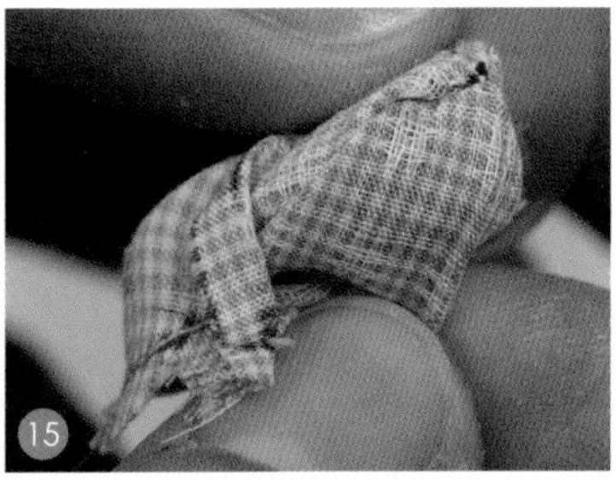
15
從下部翻回正面。

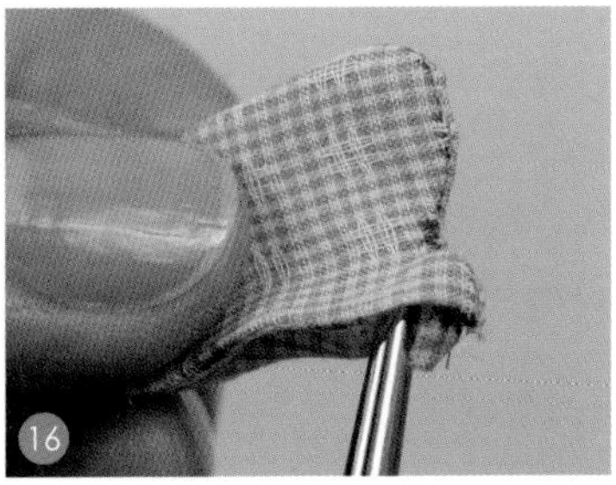
16
用錐針整理出邊角和弧形。

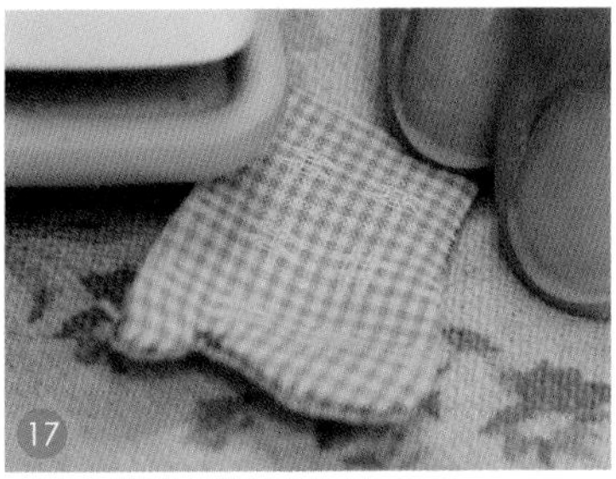
17
下部的縫份往內折整齊，用熨斗熨平。

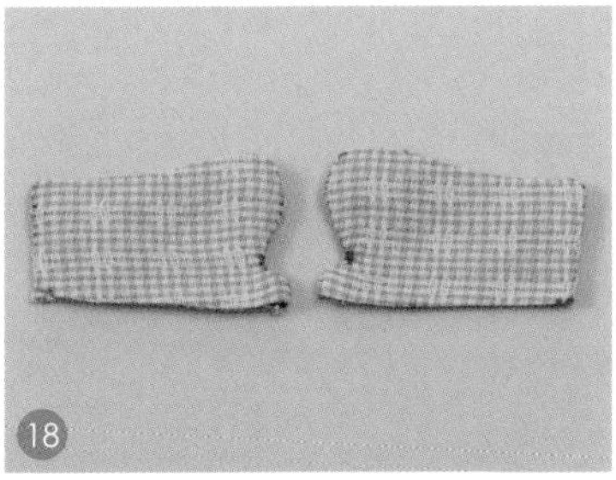
18
依使用布料的不同，有時可能難以內折收整好。這種情況，可在上折的時候，用接著劑黏合固定。

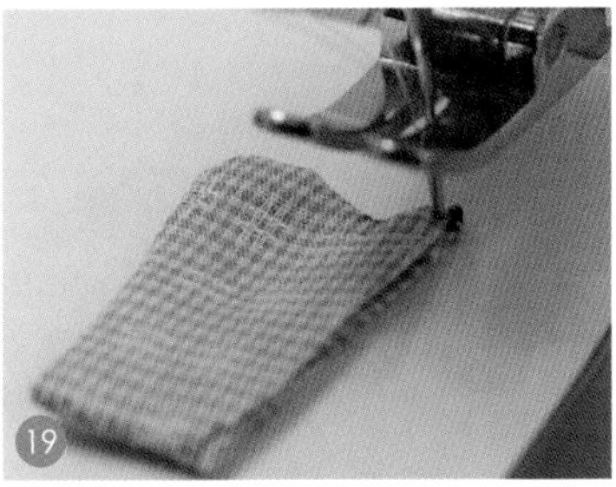
19
下部用縫紉機縫線，因為沿布邊縫線，如果不好縫線時，可在下面鋪紙。

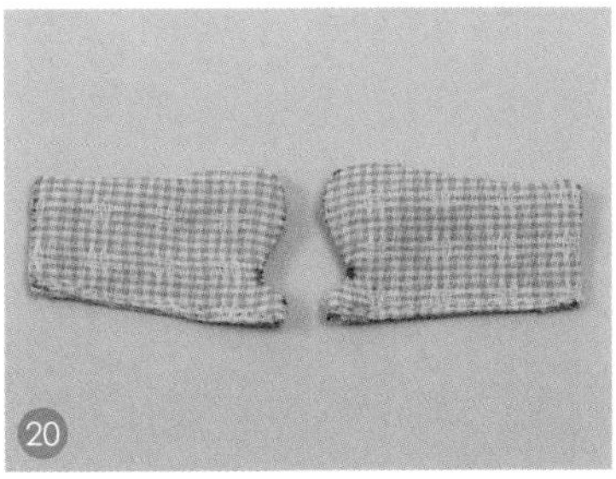
20
縫線完成的樣子。

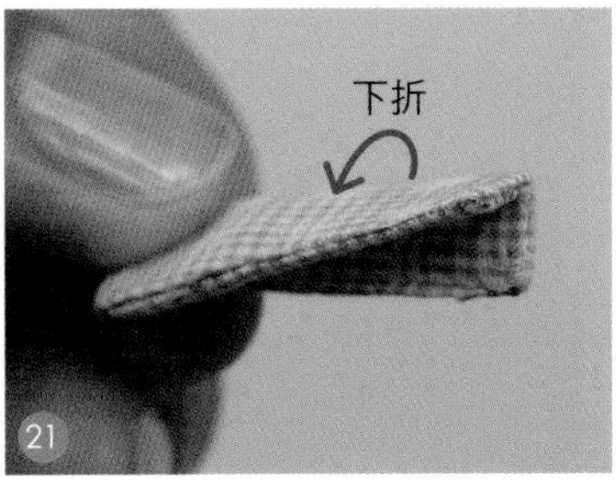
21
下折
領片部件沿折線下折。

22
用熨斗壓熨平整。

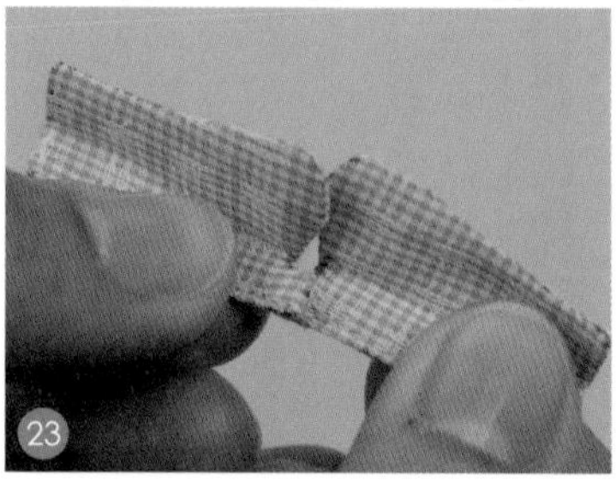
23
兩個部件的前端重疊。

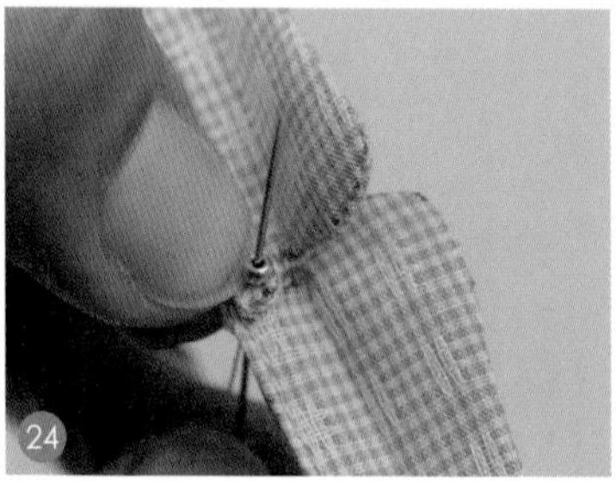
24
前面用縫線固定，縫上極小圓珠。

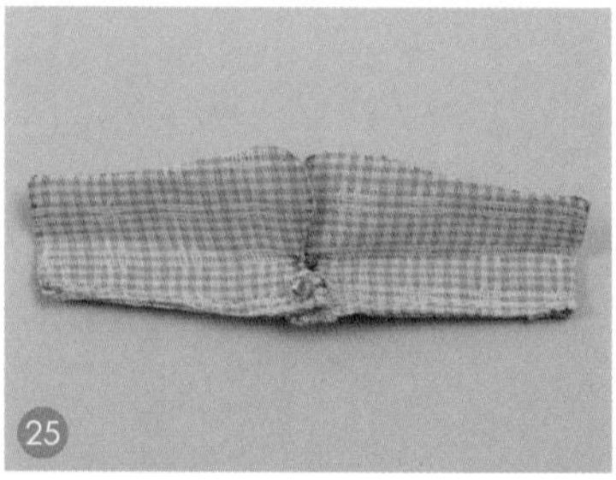
25
縫合好的樣子。

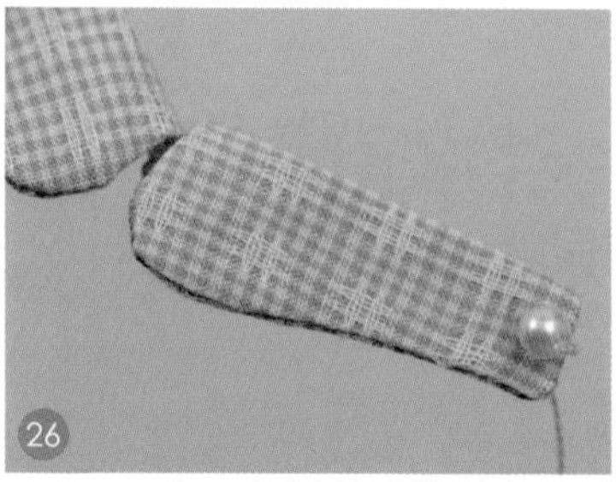
26
後面縫上珍珠。

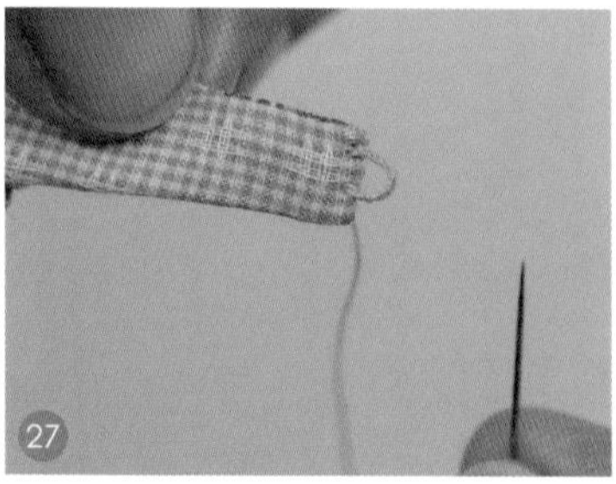
27
後面另一端縫上扣繩。

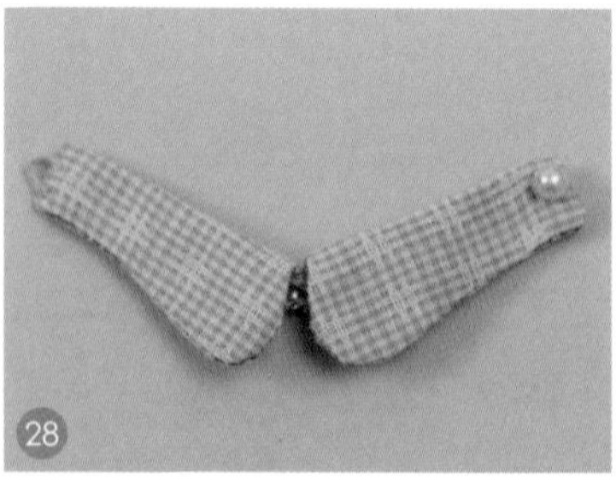
28
縫好珍珠和扣繩的樣子。

29
後面扣上固定即完成。

絨毛圍巾的作法

紙型 p80

薄人造皮草・・・17cm×4cm
內襯薄布料・・・12cm×4cm
莉莉安編織線・・・約 27cm

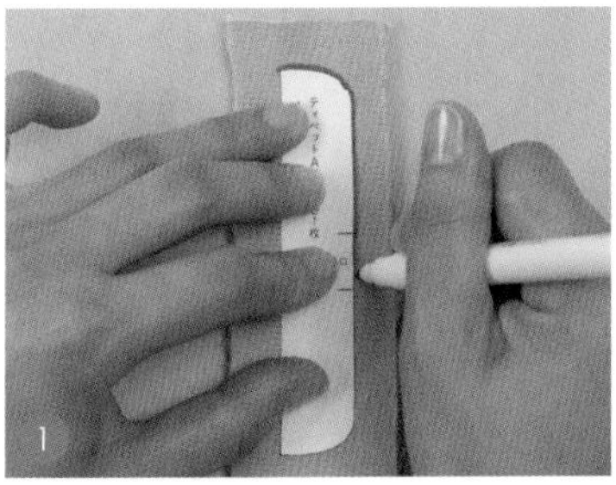
1

在布料上描出紙型。沒有標註縫份，所以標註完成線縫線和返口位置。

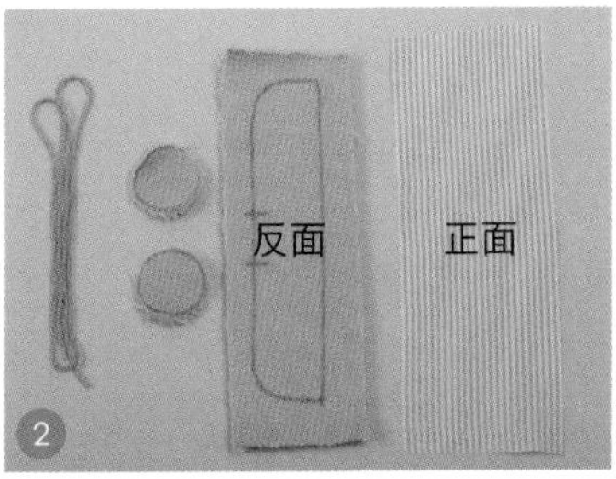
反面
正面
2

描好的布料和其他的材料。絨球用的皮草，以同樣的方式描線、裁剪。

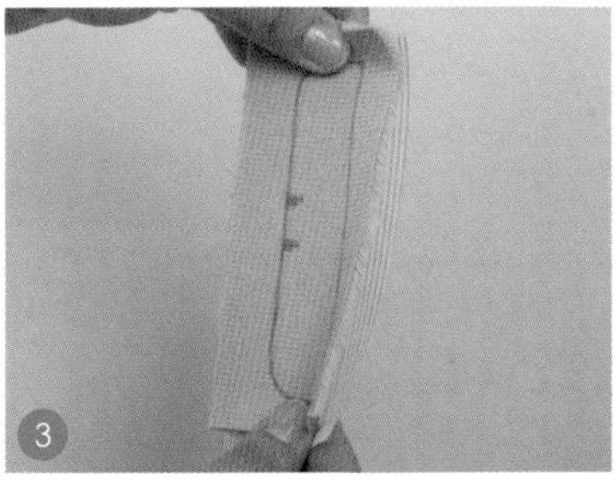
3

皮草布料和裡布布料的正面相疊。

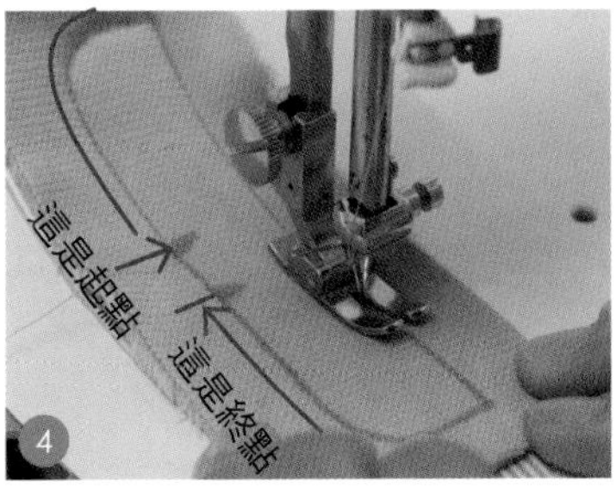
這是起點
這是終點
4

用縫紉機從返口位置縫上一圈縫線。皮草具伸縮性時，避免皮草歪斜，可在底下鋪紙再縫。

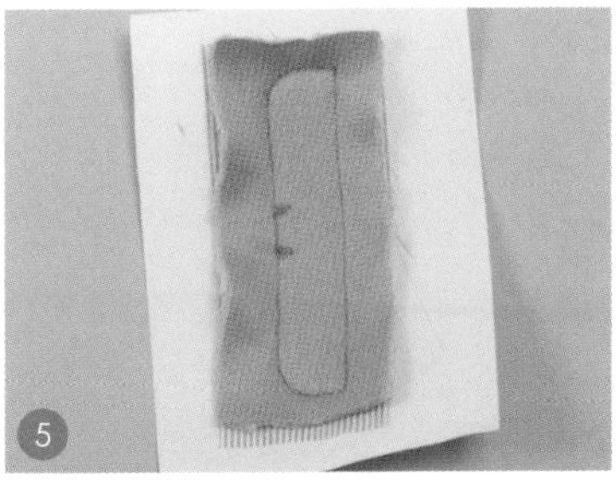
5

縫好的樣子。

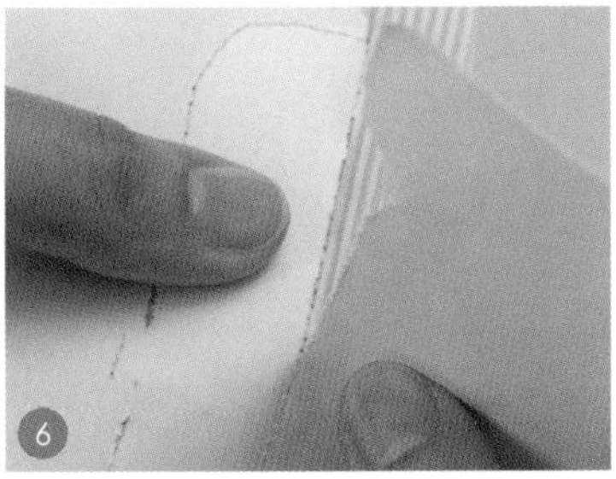
6

一起縫線的紙應該會破裂。連紙縫線的時候，如果紙的縱向與縫線方向一致，紙張應該很容易破裂。

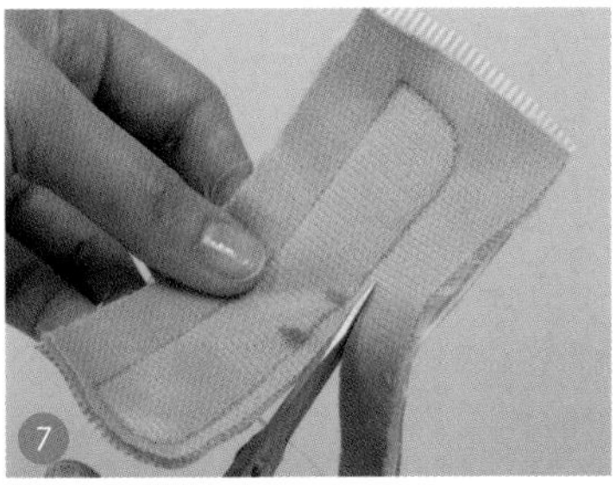
7

沿縫線周圍，預留約 5mm 縫份後，剪去多餘部分。

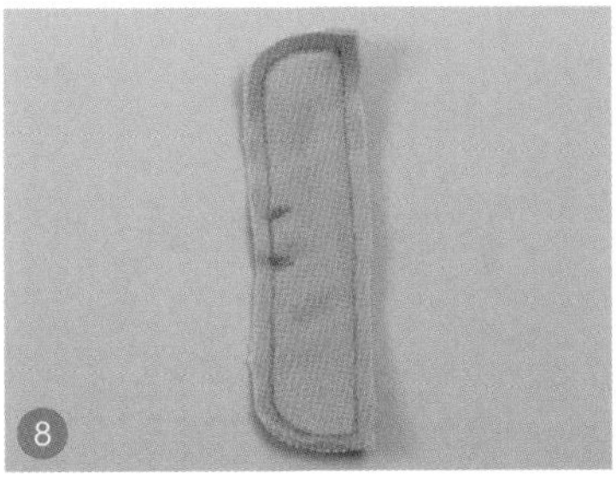
8

剪好的樣子。

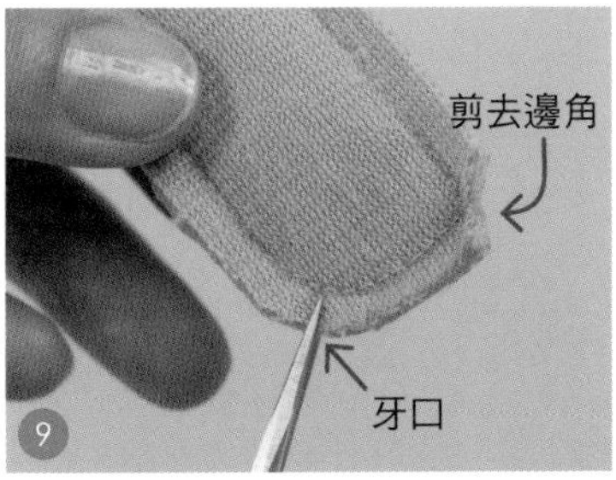
剪去邊角
牙口
9

剪去縫份邊角，在弧線處剪出牙口。

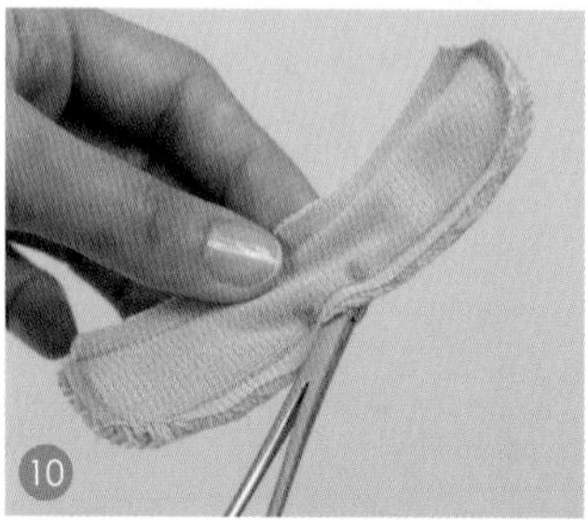
10
用返裡鉗從返口翻回正面。

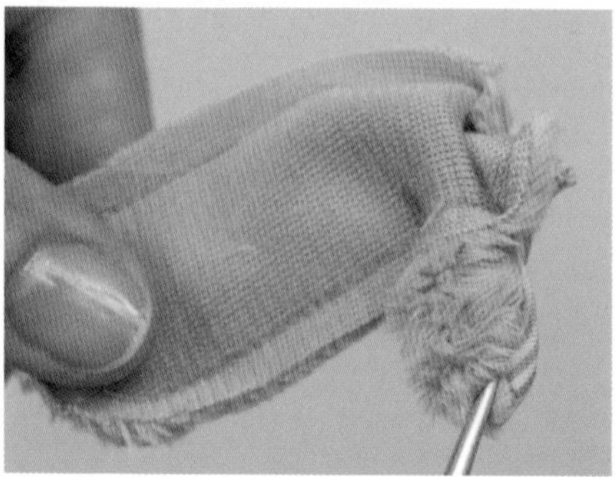

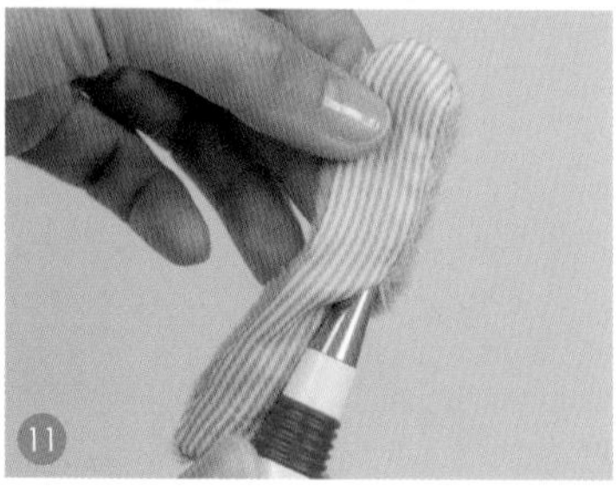
11
用錐針整出邊角和弧形。

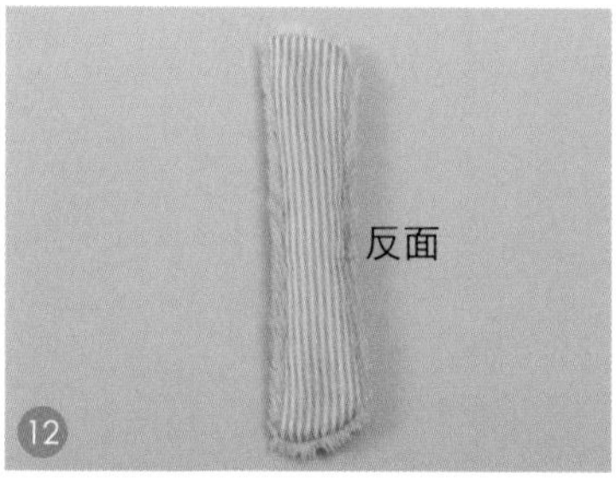
反面
12
用錐針挑出縫進縫合處的絨毛。

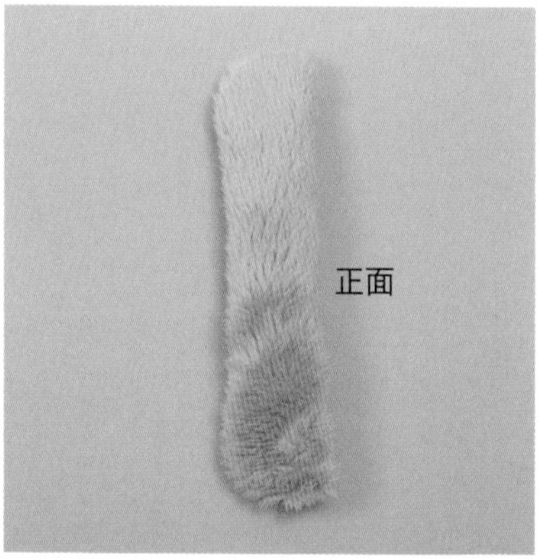
正面

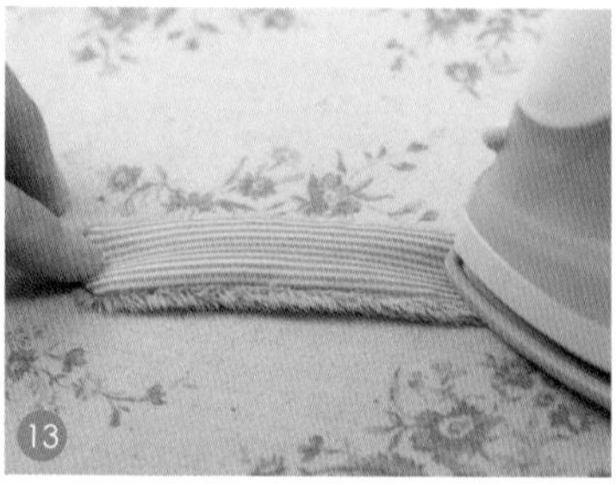
13
用熨斗壓熨整形。

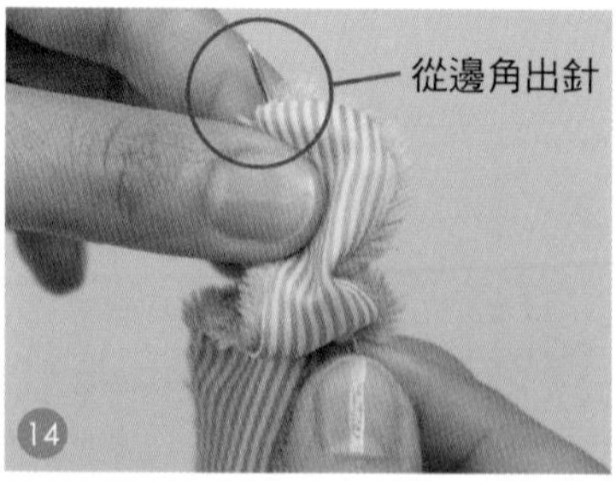
從邊角出針
14
將莉莉安編織線穿過毛線用的棉被針，從返口穿入，從邊角的縫合口出針，穿過莉莉安編織線。

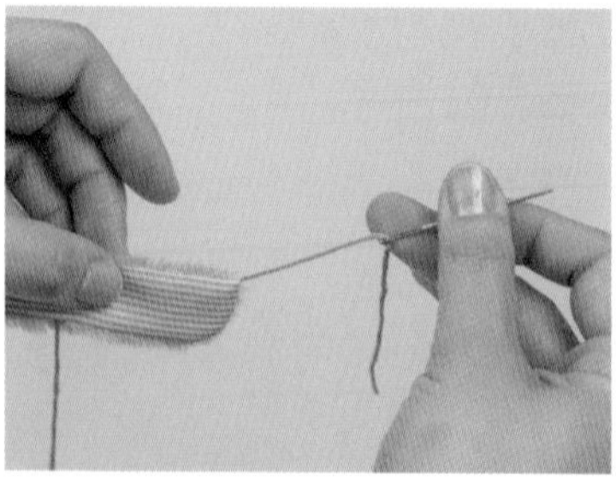

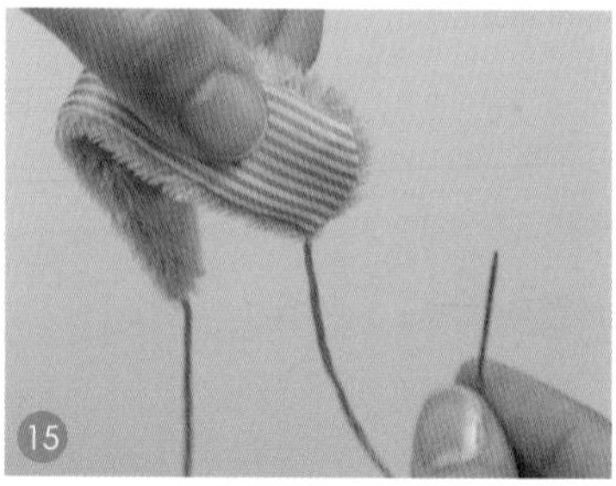
15
穿出邊角後，再用棉被針穿過線的另一端，並將線穿入另一個邊角。

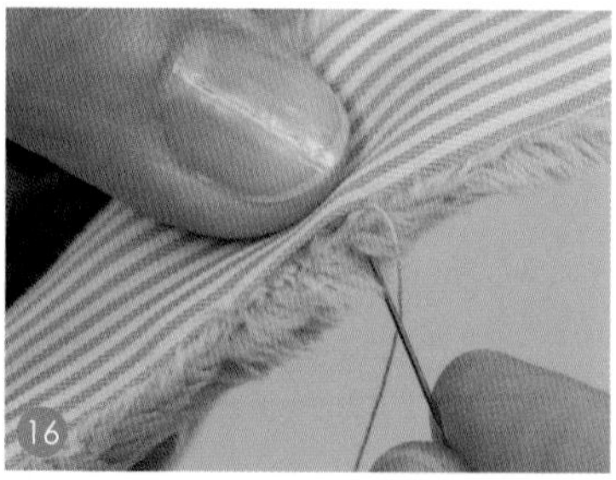
16
穿入編織線後，返口以ㄇ字藏針縫來縫合。

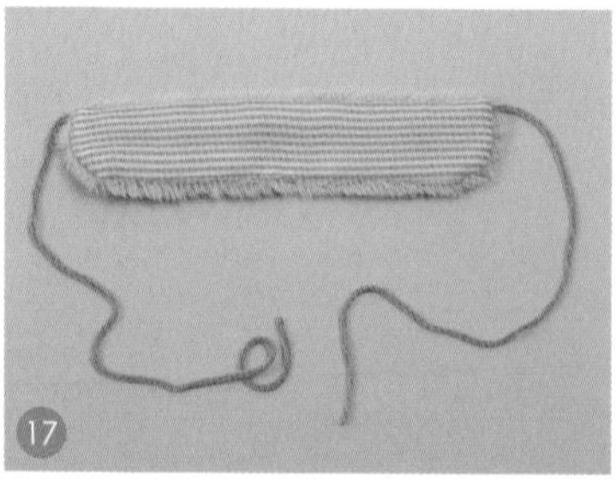
17
穿入編織線，返口縫合的樣子。

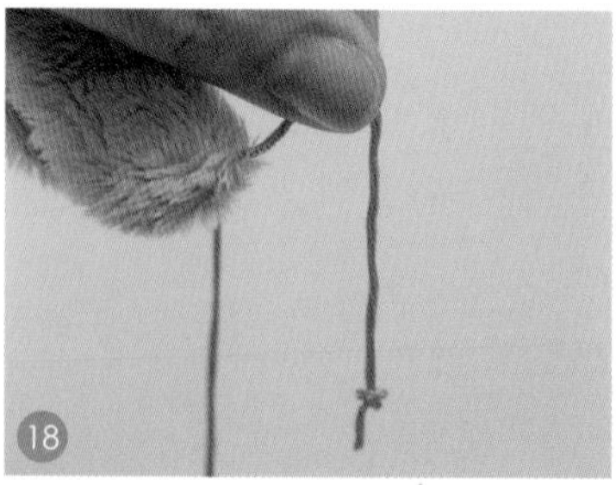
18
線端打結。

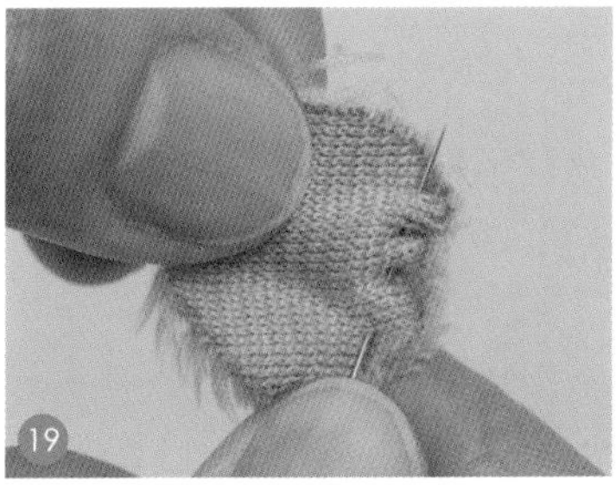
19

裁好的絨球部件邊緣，用平針縫一圈。

20

縫好一圈後，將莉莉安編織線的扭結放入中央。

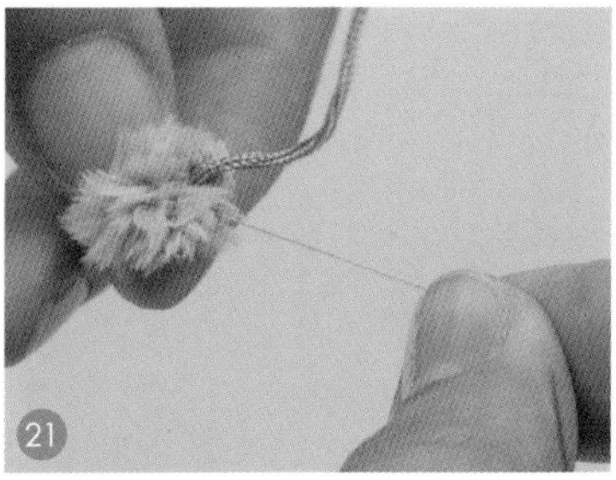
21

收緊縫線。

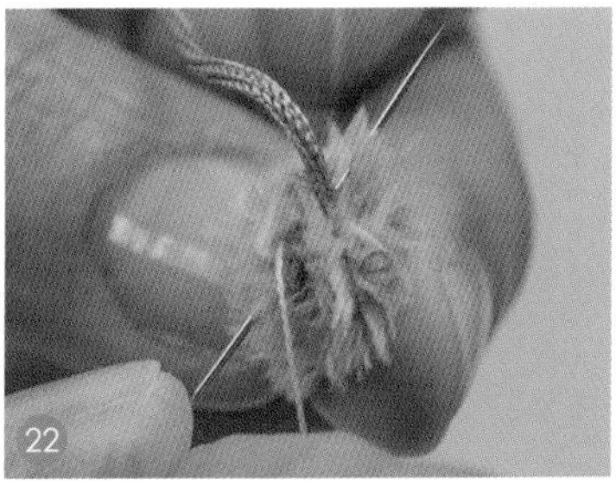
22

收緊後，針從各方向穿縫固定。針也要穿過莉莉安編織線的中心。

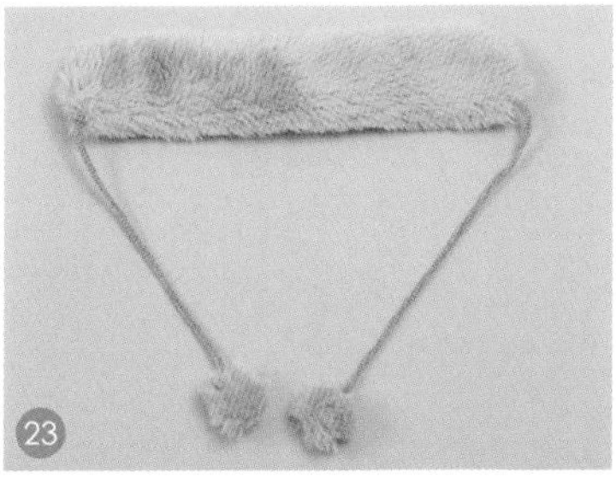
23

另一端的莉莉安編織線處理方式相同。

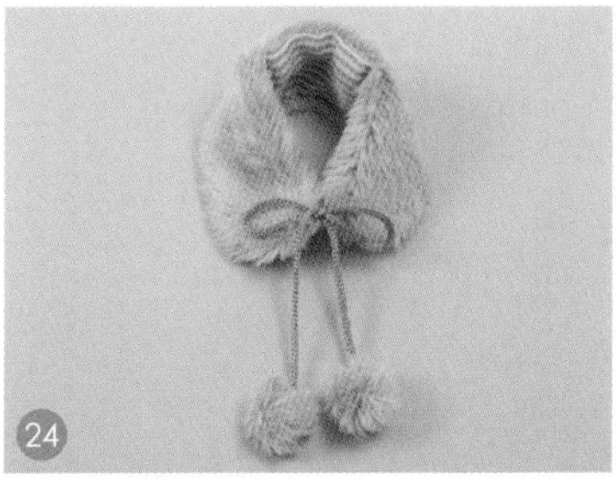
24

完成。

材料介紹

介紹本書使用的布料和零件。

薄合皮
波士頓包或小提包等，使用合成皮製成。作為裡布銷售的材料合成皮較薄（厚度約 0.2～0.3mm），硬挺適中，最適合使用。基本上只要材質薄，也可以使用其他種類的合成皮，但選擇時需注意表布和裡布的色差不要太大。

漆皮
使用於郵差包。漆皮材質較薄，製成包包時，要貼上布襯使用。不耐熱，所以請選用低溫使用的布襯。

合成麂皮
使用於編織肩背包和束口袋包。適合選用薄又軟的材質。

亞麻
使用於托特包和蝴蝶結小提包。選用薄粗針的材質，可讓包包充滿藤編包或草編包的氣息。很容易抽鬚，所以一定要貼上布襯使用。也很適合用來製作帽子。

尼龍
用於單日背包。最好選用不要太薄，稍微硬挺的材質。背帶也選用較薄的尼龍。要小心，若材質太厚較不容易翻回正面。

人造皮草
用於絨毛圍巾和靴套等各種小配件。請選擇較薄，絨毛不要太長的材質。

編織、棉布等製作小物常用布料
多是小小的配件，所以基本上請選用較薄材質。製作帽子時，會貼上布襯，調整厚度和硬挺度。

布襯
有各種厚度，依用途區分使用。針織小配件等使用薄軟材質，包包使用稍微硬挺、厚度中等的材質，帽子則使用比較硬挺的材質。

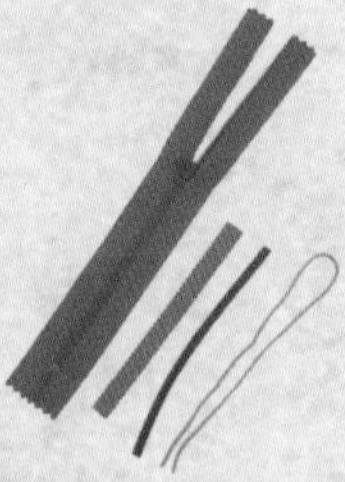

包包用的迷你拉鍊和合成皮帶
合成皮帶有各種類型。製作小配件時，多使用約 2mm～5mm 寬的尺寸。

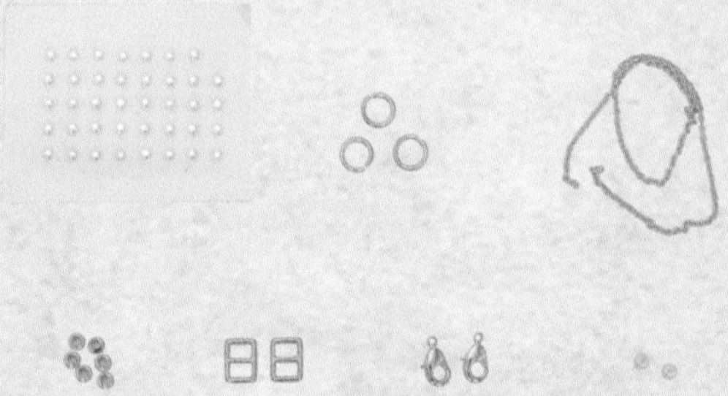

其他使用零件
從左上起分別為燙片、圓型環、鏈帶、扣眼、迷你日字扣、魚蝦扣、圓珠，是製作包包時常用的材料。燙片多使用 1.5mm～2mm，圓型環多使用 7mm 和 5mm。3mm 的珍珠當作鈕扣使用。

※迷你拉鍊、迷你日字扣和鈕釦等材料，可在銷售娃娃材料的網路商店等購得。

工具介紹

作者在本書使用的工具，請選擇自己覺得好使用的工具。

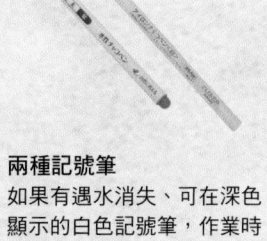

氈墊
在布料上描出紙型時，鋪在布料下方，避免滑動。

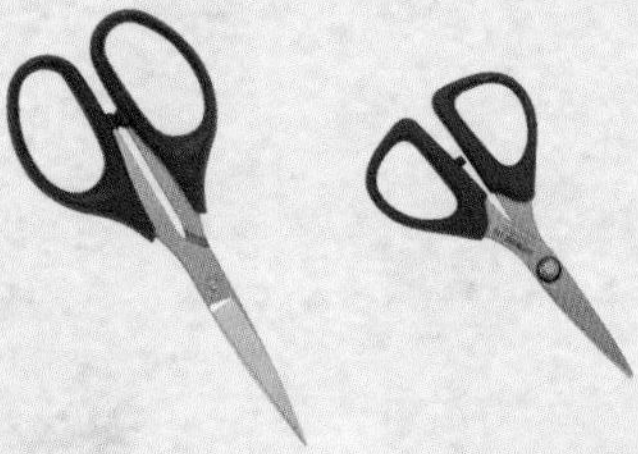

兩種剪刀
要準備裁紙用和裁布用的兩種剪刀，一定要區分使用。用小裁布刀剪布較為方便。

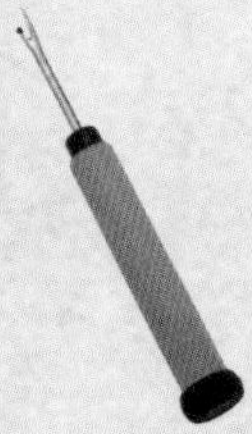

拆線器
不小心縫錯時，方便拆除縫合處的縫線。

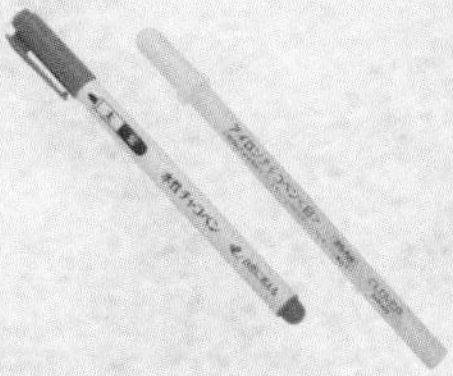

兩種記號筆
如果有遇水消失、可在深色顯示的白色記號筆，作業時較方便。

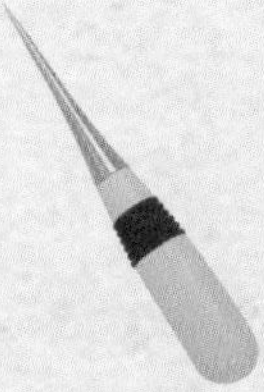

錐針
用於整出弧線和邊角形狀，尖端為鈍形的較方便使用。

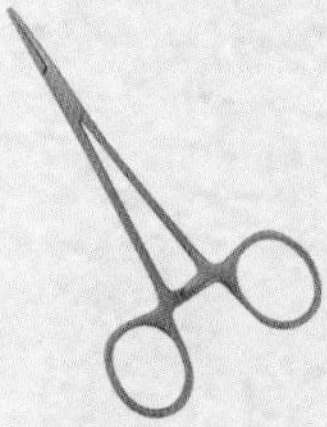

返裡鉗
用於將縫合部件翻回正面。

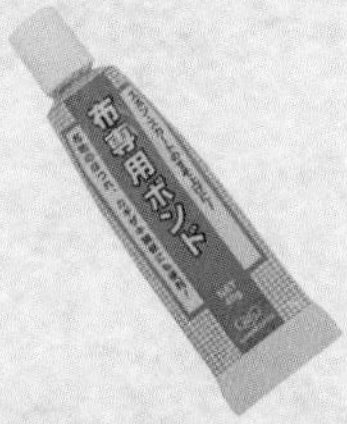

布用接著劑
建議購買布專用的接著劑，連衣襬改短時都可使用。

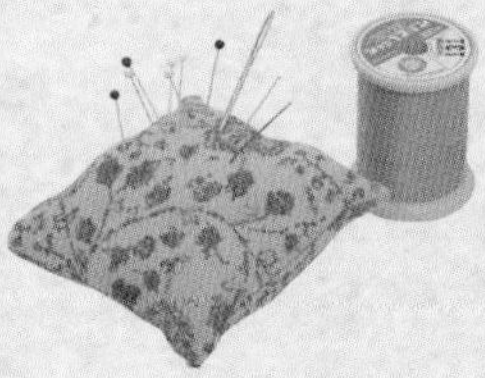

針類
備齊縫針、珠針、毛線用的棉被針，作業時較方便。

防綻液
防止布邊抽鬚。

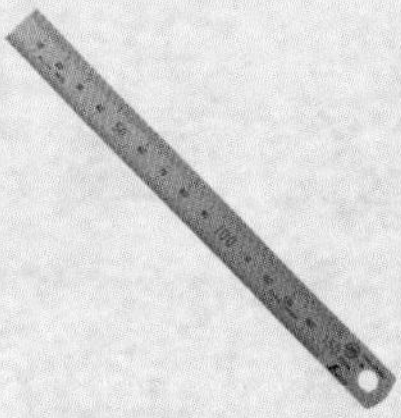

小定規尺
測量部件長度，確認部件位置，先準備以方便作業。

★ 以下工具主要用於包包製作。

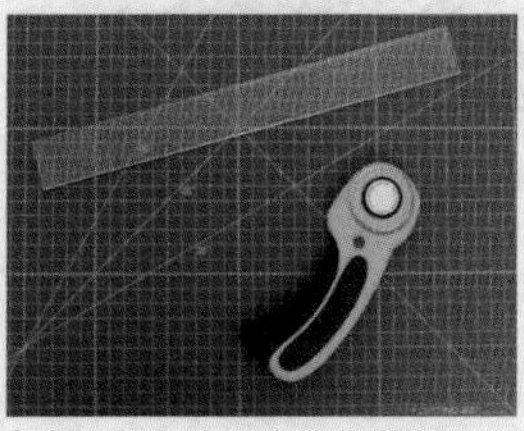

切割墊、定規尺、輪刀
本書用於合成皮包的皮帶部件製作。方便正確裁切布料。

膠狀瞬間膠
用於黏接合成皮包的部件。

木工用接著劑
用於黏接合成皮包的包底部件。

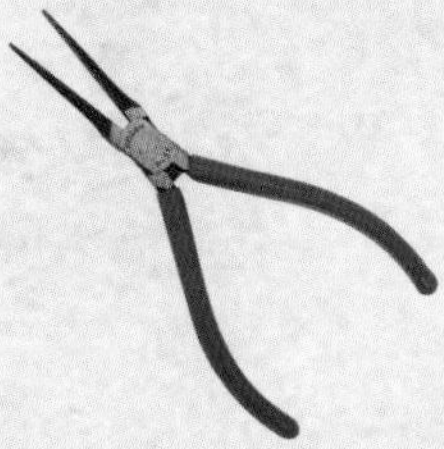

尖嘴鉗
製作合成皮小包時，用於拉開、閉闔圓型環等裝飾零件。

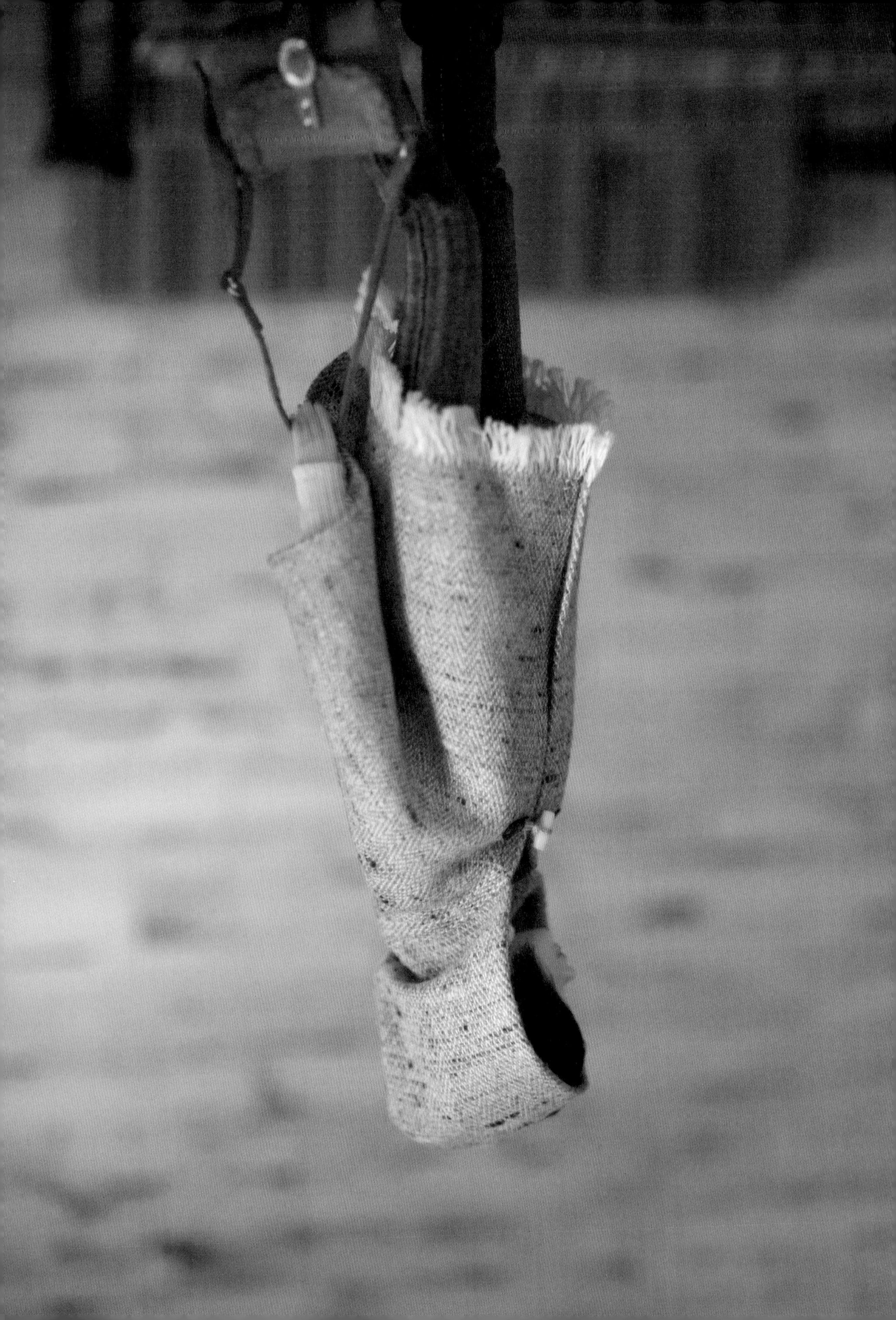

紙型和作法

「附內袋托特包」的紙型

作法 p26

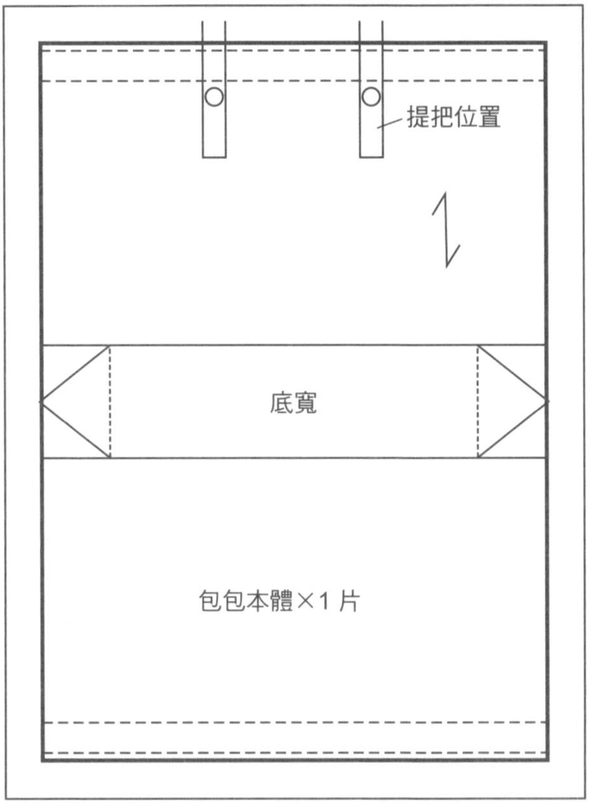
提把位置
底寬
包包本體×1 片

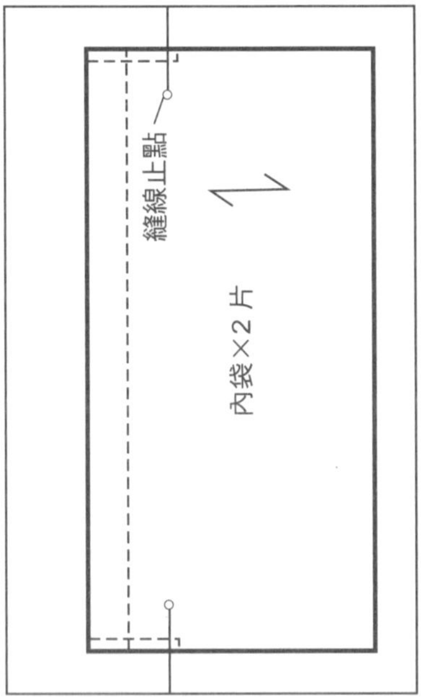
縫線止點
內袋×2 片

pattern×100%

「波士頓包」的紙型

作法 p32

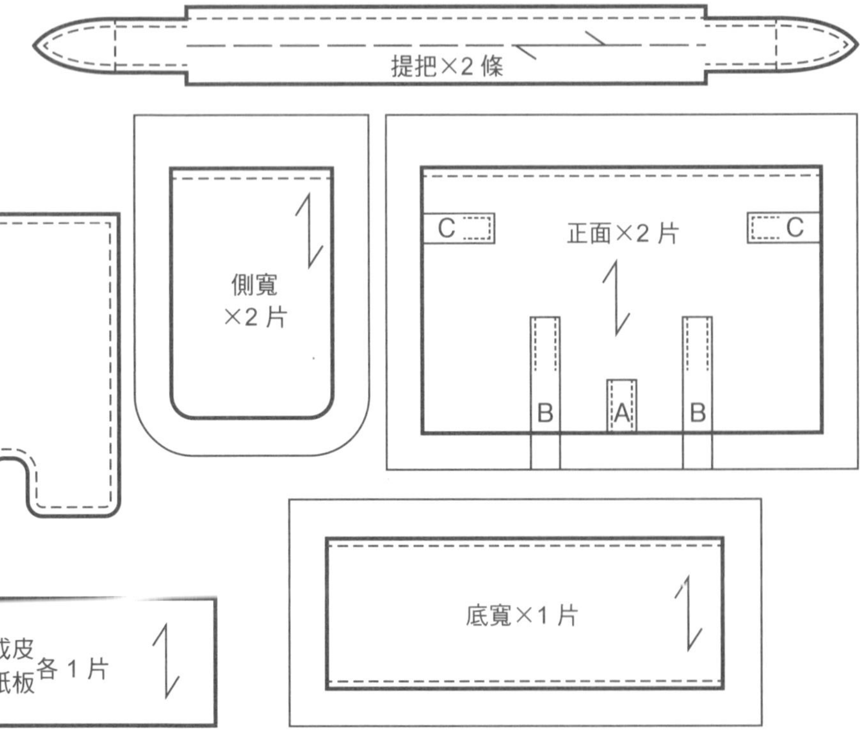
提把×2 條
側寬
×2 片
C
正面×2 片
C
B
A
B
底寬×1 片

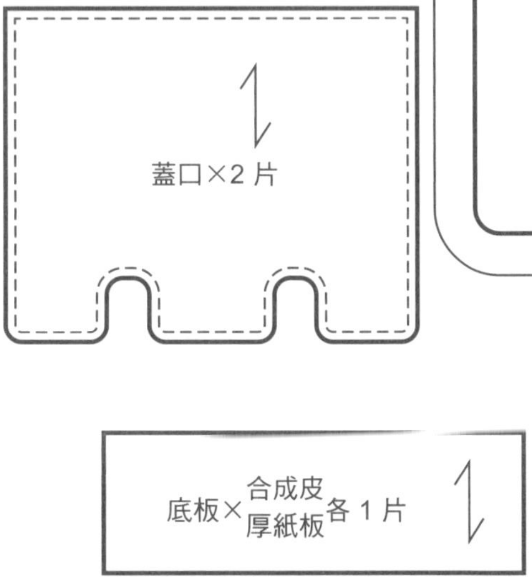
蓋口×2 片
底板×合成皮
厚紙板各 1 片

「單日背包」的紙型 作法 p40

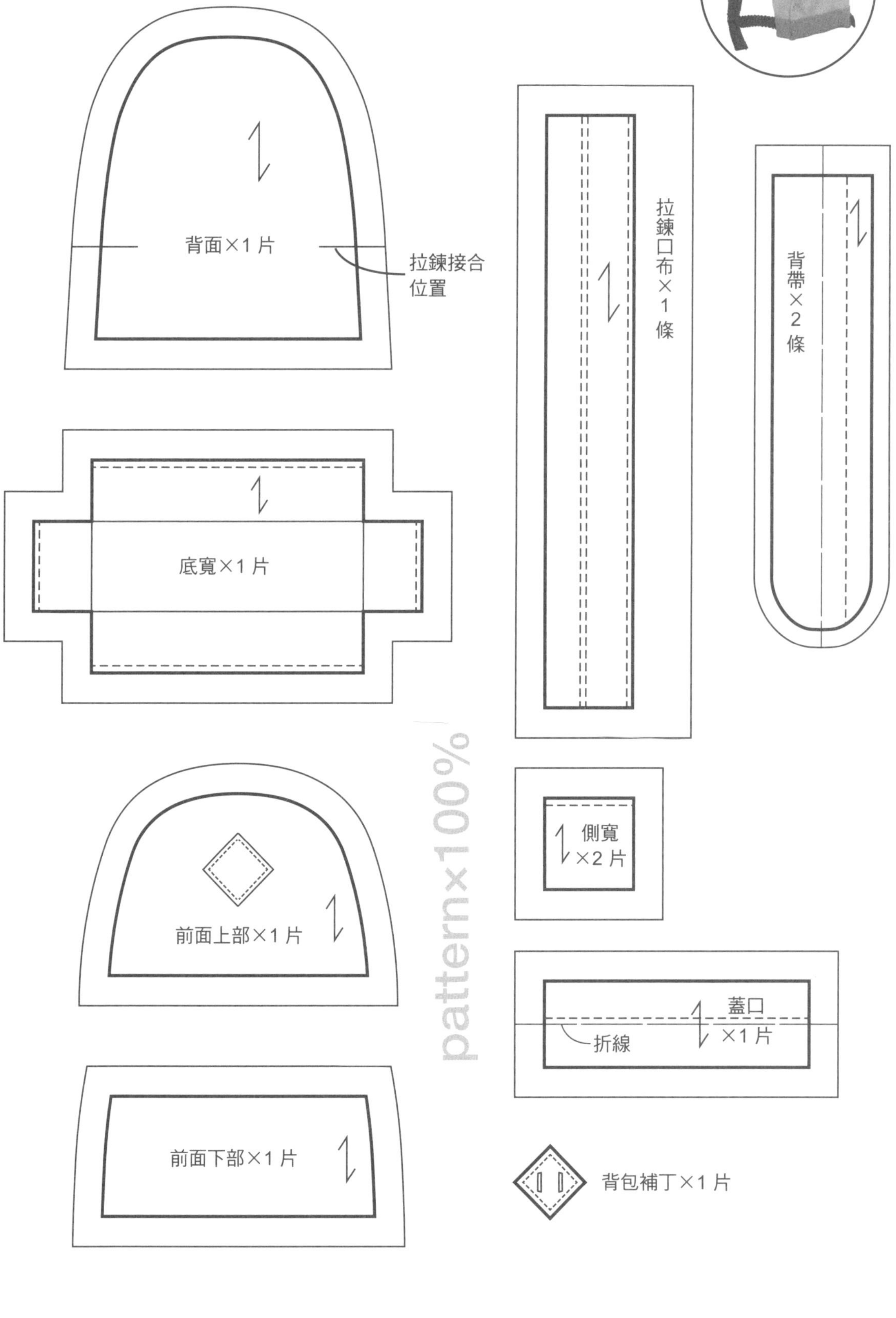
背面×1片
拉鍊接合位置
拉鍊口布×1條
背帶×2條
底寬×1片
pattern×100%
側寬×2片
前面上部×1片
蓋口×1片
折線
前面下部×1片
背包補丁×1片

「簡易小包」的作法&紙型

[材料] 喜歡的棉布・・・13cm×6cm
3mm 合成皮帶・・・A 款 17cm，B 款 19.5cm
5mm 圓型環（B 款包）・・・2 個

[作法]
① 在布料上描出紙型、裁下，布邊塗上防綻液。標註提把位置記號。
② 在包包上，挑選自己喜歡的位置，蓋上布用墨水印章。
③ 袋口往下折，用縫紉機縫上縫線。
④ 布料正面對折，側邊縫合後翻回正面。
⑤ 縫上提把。
⑥ A款包縫上剪成 8.5cm 的 2 條合成皮帶，在皮帶上縫出印記，在兩個縫合印記上，黏貼燙片（插圖①）。
⑦ B 款包使用的皮帶剪成，8.5cm、8cm、3cm，在包包反面縫上 8.5cm 皮帶，在包包正面縫上 8cm、3cm 皮帶（插圖②）。
⑧ 8cm 的皮帶前端穿過圓型環後折下 1cm，用接著劑固定。3cm 皮帶前端剪成斜狀。
⑨ 3cm 皮帶穿過圓型環即完成。

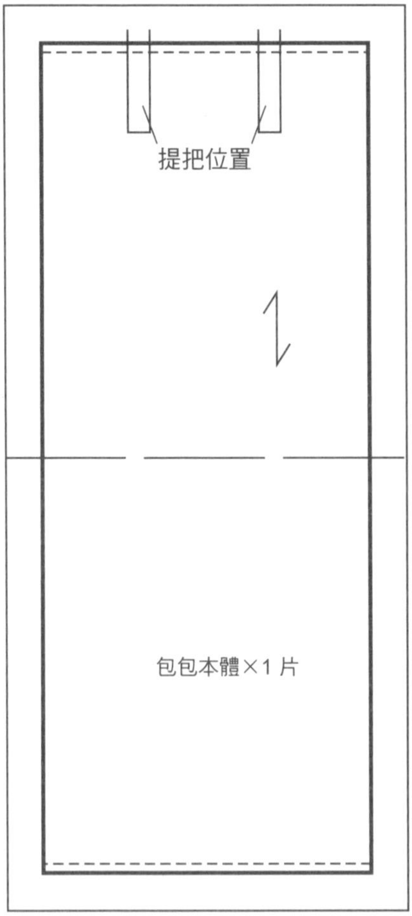
提把位置
包包本體×1 片

pattern×100%

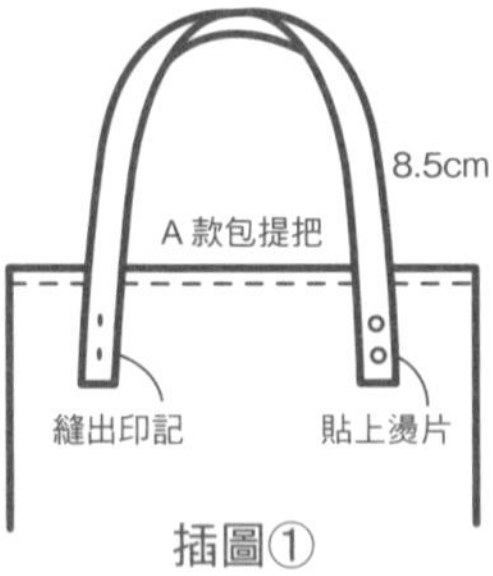
8.5cm
A 款包提把
縫出印記
貼上燙片
插圖①

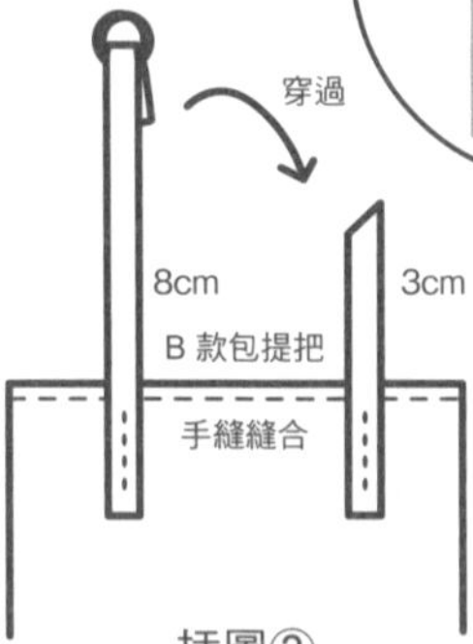
穿過
8cm
3cm
B 款包提把
手縫縫合
插圖②

「2way 波士頓包」的作法&紙型

[材料] 合成皮・・・13cm×22cm
合成皮（用於裝飾條紋）・・・5cm×6cm
莉莉安編織線（用於提把內襯）・・・7cm×2 條
7mm 圓型環（C 型環亦可）・・・4 個
5mm 圓型環・・・6 個
魚蝦扣・・・2 個
迷你拉鍊※先拆除拉鍊頭的金屬裝飾・・・1 條
1.5～2mm 燙片・・・15 個以上（依喜好調整）
皮帶部件
A　4mm×3.5cm＝4 條
B　4mm×12cm＝1 條
C　4mm×7.5cm（一端ㄈ字形縫線後斜剪）＝1 條
D　4mm×2cm＝2 條

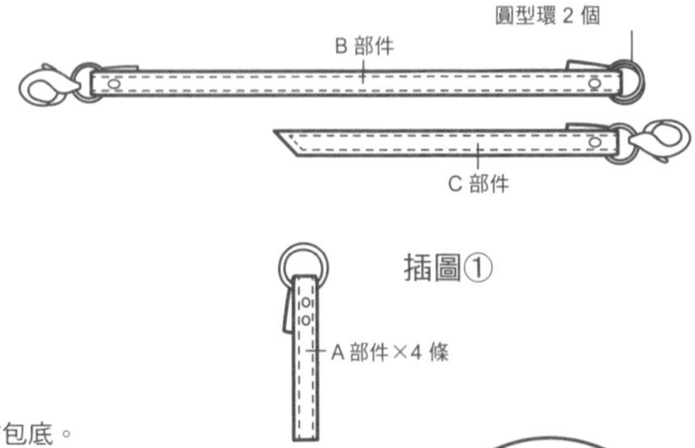
圓型環 2 個
B 部件
C 部件
A 部件×4 條
插圖①

[作法]
① 在合成皮上描出、裁下紙型。參考 p33 步驟⑫-⑭，製作包底。
② 參考 p32 步驟①-⑨，製作皮帶部件。分別剪成所需長度。
③ 2 條 D 部件穿過 5mm 圓型環、對折黏合。
④ 2 個魚蝦扣穿過 5mm 圓型環，B 部件穿過一個魚蝦扣，往下折 1cm 黏合。B 部件的另一端穿過 2 個 5mm 圓型環，往下折 1cm 黏合。
⑤ C 部件穿過另一個魚蝦扣，往下折 1cm 黏合。
⑥ 皮帶部件分別黏上燙片。
⑦ C 部件的一端穿過 B 部件的圓型環。
⑧ 4 條皮帶部件 A 穿過 7mm 圓型環，再往下折 1cm 黏合。
⑨ A 部件分別黏上燙片。
※ 步驟③-⑨請參考插圖①

⑩ 本體正面部件縫上裝飾條紋用的合成皮。
⑪ 正面部件的條紋上黏上 A 部件。
⑫ 拉鍊口布縫份內折，沿著拉鍊齒縫合（插圖②）。
⑬ 將 D 部件暫時固定黏在側寬部件的邊緣（插圖③）。
⑭ 拉鍊口布和側寬正面相對縫合。這時，D 部件夾在前面兩者之間。
⑮ 縫份往側寬倒，縫上縫線（插圖④）。
⑯ 底寬中心和正面部件的中心正面相對對齊，用珠針固定。底寬拉鍊拼接部分，對齊正面部件拉鍊接合位置，疏縫固定。
⑰ 用縫紉機縫合，另一邊的縫合方式相同。
⑱ 包底部件塗上接著劑，與底寬黏合後，翻回正面。
⑲ 參考 p37 步驟㉛-㊲波士頓包的提把製作方式，製作提把。
⑳ 提把部件穿過 A 部件的圓型環後黏合。
㉑ 提把黏上燙片。
㉒ 裁好的細長合成皮穿過拉鍊頭，黏合（插圖⑤）。
㉓ 將步驟④-⑦製作的皮帶部件魚蝦扣，扣上兩側的圓型環即完成。

插圖②

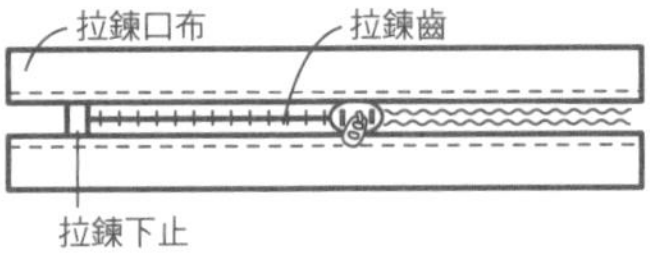
拉鍊口布
拉鍊齒
拉鍊下止

pattern×100%

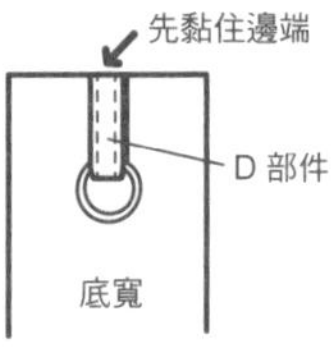
先黏住邊端
D 部件
底寬
插圖③

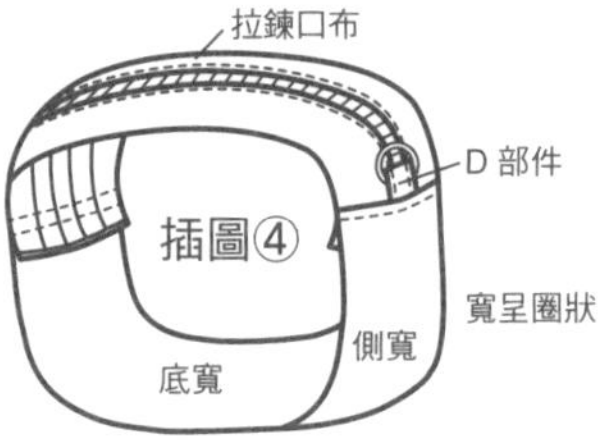
拉鍊口布
D 部件
插圖④
寬呈圈狀
側寬
底寬

插圖⑤

黏合

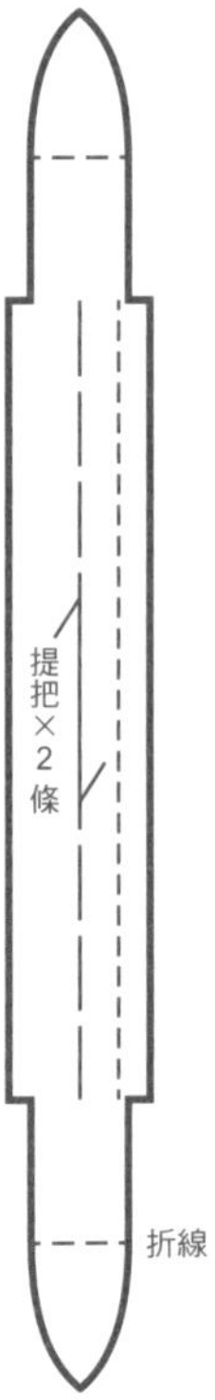
提把×2 條
折線

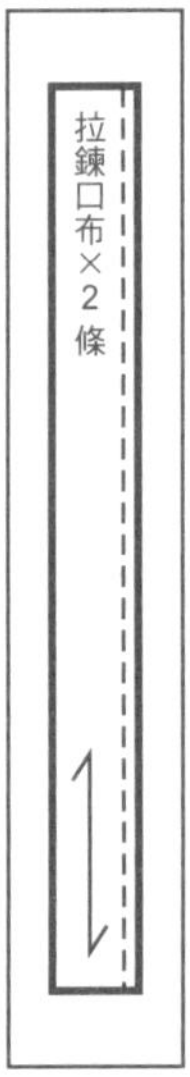
拉鍊口布×2 條

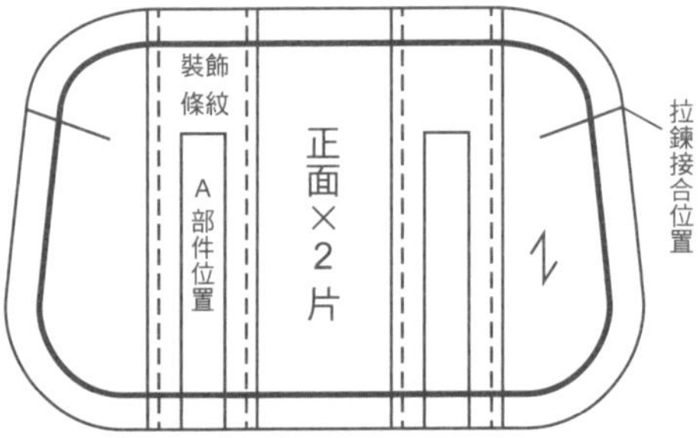
裝飾條紋
A 部件位置
正面×2 片
拉鍊接合位置

底板×合成皮 厚紙板 各 1 片

裝飾條紋合成皮×4 片

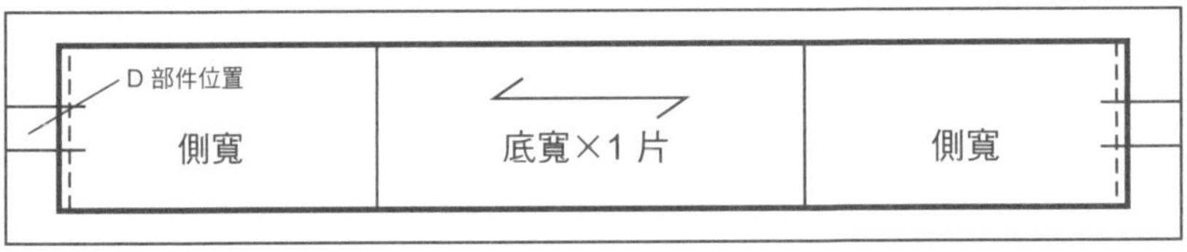
D 部件位置
側寬
底寬×1 片
側寬

「鏈帶小提包」的作法&紙型

[材料] 合成皮・・・10cm×15cm
鏈帶・・・適量（依喜好的長度調整）
5mm 圓型環・・・5 個
1.5～2mm 燙片・・・6 個以上（依喜好調整）
皮帶部件
A　4mm×9cm＝1 條
B　4mm×8cm（一端匚字形縫線後斜剪）＝1 條（2 條版本用 2 條）
C　4mm×2cm＝2 條

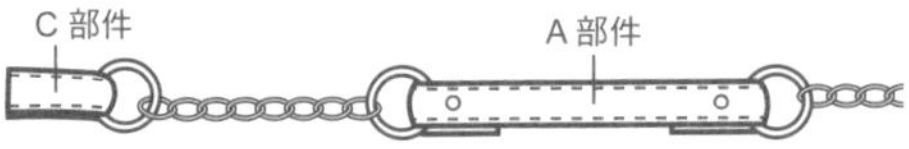
C 部件
A 部件
插圖①

[作法] ① 在合成皮上描出、裁下紙型。參考 p33 步驟⑫-⑭，製作包底。
② 粗略剪裁的蓋口合成皮，與裁好的蓋口，正面朝外相疊，沿周邊一圈縫合，裁下（參考 p33 步驟 ⑮-⑱）。
③ 參考 p32 步驟①-⑨，製作皮帶部件。分別剪成所需長度。
④ 準備 2 條依喜好長度剪下的鏈帶，兩端穿過圓型環。
⑤ 皮帶部件 C 穿過一端的圓型環，對折黏合。皮帶部件 A 穿過另一端的圓型環，往下折 1cm 黏合（插圖①）。
⑥ A部件連接在 2 條鏈帶部件中間。
⑦ 皮帶部件黏上燙片。
⑧ 本體正面、背面和側寬袋口部分，往下折後縫線（插圖②）。

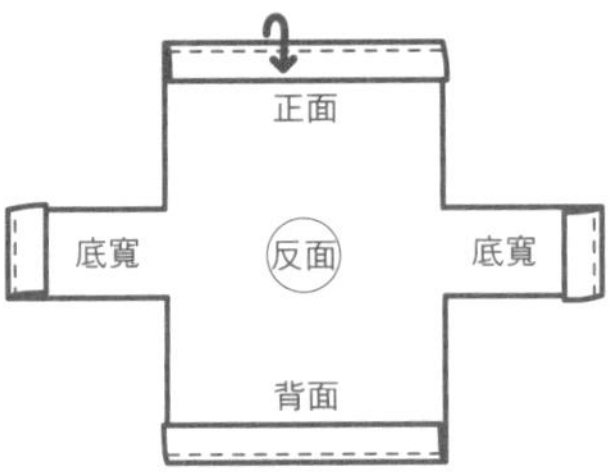
正面
底寬
反面
底寬
背面
插圖②

（接續鏈帶小提包）
⑨ 側寬正面相對縫合。
⑩ 包底部件塗上接著劑，與底寬黏合後翻回正面。
⑪ 蓋口黏合在記號位置。
⑫ 將步驟③-⑥製作的皮帶部件，黏合在本體兩側（插圖②）。
⑬ 皮帶部件 B 的前端穿過圓型環，往下折 1cm 黏合。
⑭ 皮帶部件 B 從蓋口的皮帶位置繞過背面，與包包黏合。
※如果是 2 條皮帶 B 的版本，左右以相同的方式黏合。
⑮ 如果剛好黏在蓋口下方，皮帶的前端穿過圓型環黏合，一旦固定，就無法放進任何東西，所以黏合前先將薄紙等塞進包包，以便整形。如果想做出重量感，也可放入鉛球等類似重物。
⑯ 皮帶黏上燙片即完成（插圖③）。

插圖②
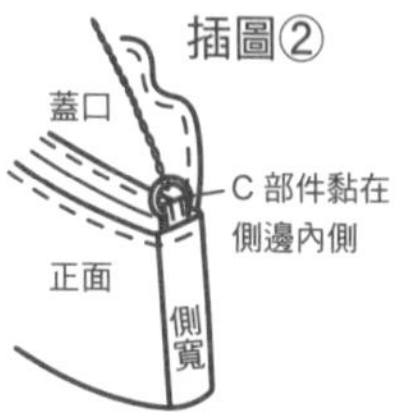
蓋口
C 部件黏在
側邊內側
正面
側寬

插圖③
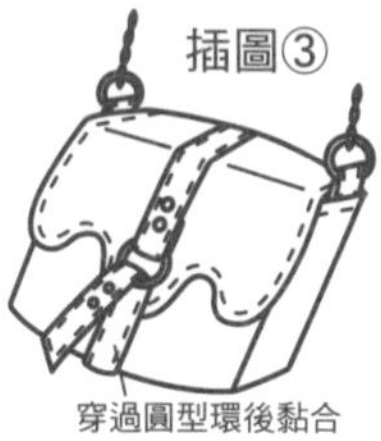
穿過圓型環後黏合

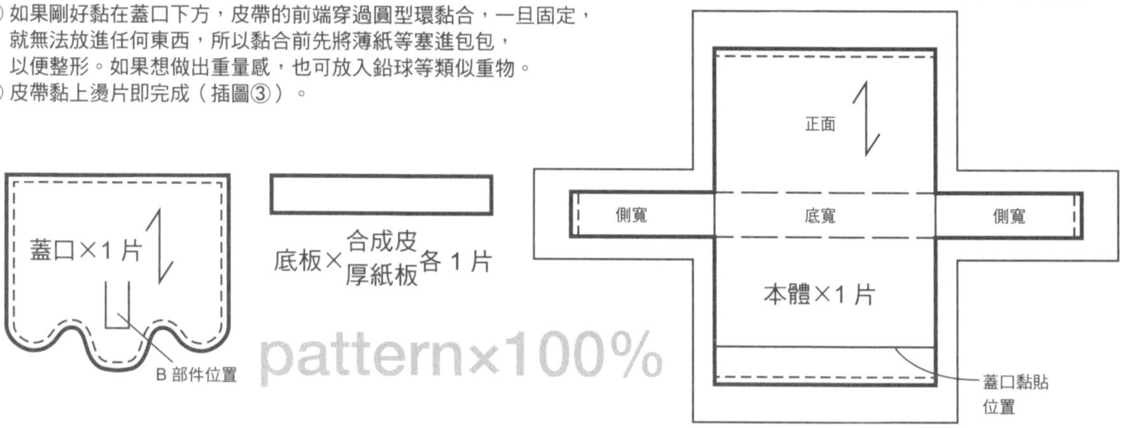
蓋口×1 片
B 部件位置
底板×合成皮
厚紙板 各 1 片
pattern×100%
正面
側寬
底寬
側寬
本體×1 片
蓋口黏貼
位置

「編織肩背包」的作法&紙型

[材料] 合成皮・・・13cm×13cm
5mm 圓型環・・・4 個
娃娃用日字扣・・・1 個
1.5～2mm 燙片・・・6 個以上（依喜好調整）

皮帶部件
A 4mm×3cm（兩端匚字形縫線，一端斜剪）＝1 條
B 4mm×4.5cm（一端匚字形縫線）＝1 條
C 4mm×12cm＝1 條
D 4mm×10cm（一端匚字形縫線後斜剪）＝1 條
E 4mm×2cm＝2 條

編織部件
2mm×13cm＝3 條
編織部件和皮帶部件的製作技巧相同，用輪刀裁出長條狀。
三條皮帶的一端都先黏合後，再開始編辮子。編的時候，需不時留意正面朝上。
在燙衣板或軟木墊上面等，用珠針固定，較方便作業。編好的長度約 9cm。

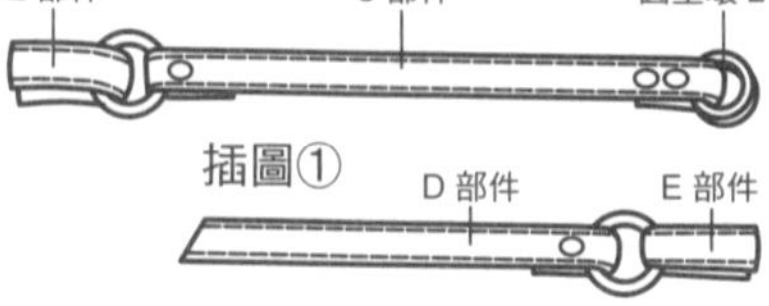
E 部件
C 部件
圓型環 2 個
D 部件
E 部件
插圖①

插圖②
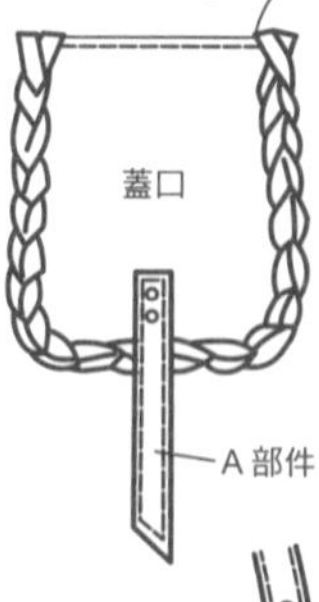
邊端切齊
蓋口
A 部件

[作法] ① 在合成皮上描出、裁下紙型。事先標註底寬記號。
② 參考 p32 步驟①-⑨，製作皮帶部件。分別剪成所需長度。
③ 2 條 E 部件穿過圓型環對折黏合（步驟③-⑥，插圖①）。
④ C 部件穿過一條 E 部件的圓型環，往下折 1cm 黏合，
C 部件的另一端穿過 2 個圓型環，往下折 1cm 黏合。
⑤ D 部件穿過另一條 E 部件的圓型環，往下折 1cm 黏合。
⑥ 皮帶部件分別黏上燙片。
⑦ 粗略剪裁的蓋口合成皮，與裁好的蓋口正面朝外相疊，
沿周邊一圈縫合，裁下（參考 p33 步驟⑮-⑱）。
⑧ 用接著劑將編織部件慢慢黏在蓋口周圍，剪去多餘長度後黏合（插圖②）。
⑨ 皮帶部件 A 黏在蓋口記號位置並黏上燙片。
⑩ 本體袋口下折縫線。
⑪ 正面相對，縫合兩側。
⑫ 縫合底寬（參考 p27 步驟⑲-㉒），翻回正面。
⑬ 將蓋口黏在蓋口標註位置。
⑭ 皮帶部件 B 的前端穿過日字扣，往下折 1cm 黏合。
⑮ 將 B 部件黏在本體皮帶標註位置。A 部件穿過日字扣。
⑯ 將步驟③-⑥製作的皮帶部件，黏合在本體兩側（插圖③）。
⑰ D 部件前端穿過 C 部件圓型環即完成。

插圖③

E 部件黏在
內側
側邊

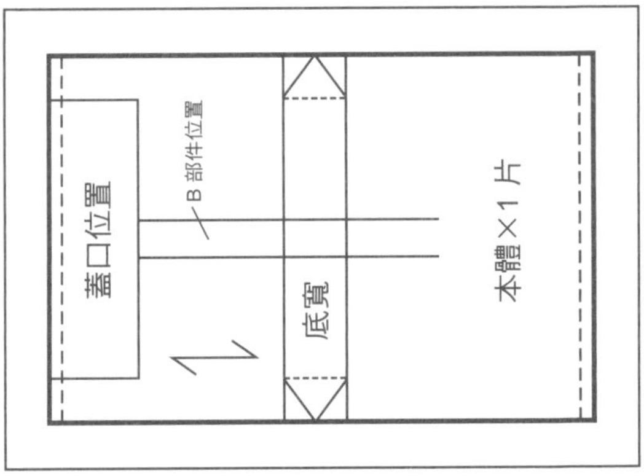
蓋口位置
B 部件位置
底寬
本體×1 片

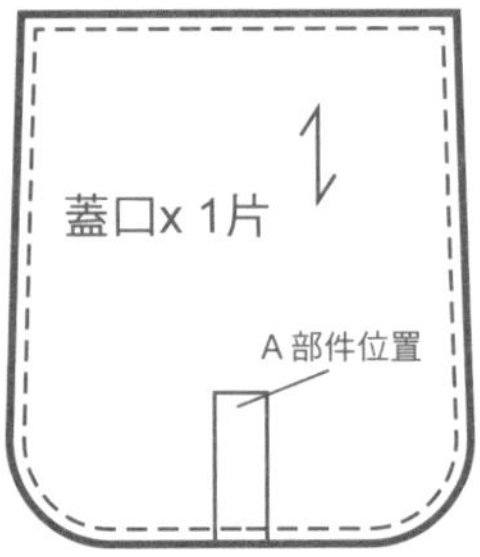
蓋口x 1片
A 部件位置

pattern×100%

「蝴蝶結小提包」的作法&紙型

[材料] 粗針亞麻布、布襯・・・各 11cm×9cm
蓋口貼邊布、蝴蝶結布料・・・7cm×5cm
鏈帶・・・適量（依喜好的長度調整）
※鏈帶短，則變成手拿包
3mm 珍珠・・・1 顆

[作法] ① 將布襯貼在亞麻布上。描出、剪下紙型，布邊塗上防綻液。事先標註底寬記號和緞帶部件的返口記號。※亞麻布容易抽鬚，所以一定要貼布襯。如果不使用亞麻布，則不需要貼布襯。
② 本體袋口往下折縫線。
③ 從正面將袋口該側折至蓋口折線位置，用珠針固定（插圖①）。
④ 蓋口貼邊布與蓋口部分重疊稍微疏縫固定。
⑤ 從本體側邊開始連續縫合至蓋口（插圖②）。
⑥ 縫合底寬（參考 p27 步驟⑲-㉒）。
⑦ 將蓋口縫份剪成鋸齒狀。
⑧ 翻回正面，用錐針整理出蓋口漂亮的弧線，用熨斗壓熨平整。
⑨ 為了不要讓蓋口貼邊布澎起，縫上縫線（插圖③）。
⑩ 蓋口中心縫上扣繩，本體縫上珍珠。
⑪ 緞帶部件正面對折，預留返口縫合。
⑫ 打開縫份，以縫份為中心，兩側縫合。
⑬ 用返裡鉗從返口翻回正面。
⑭ 用錐針整出邊角，用熨斗壓熨平整。
⑮ 緞帶 B 部件兩邊內折，用熨斗壓熨平整。
⑯ 緞帶 A 部件的中心用縫線收緊固定，縫上緞帶 B 部件。
⑰ 依喜好將緞帶直接縫在蓋口位置。
⑱ 將鏈帶縫在兩側即完成。

插圖①

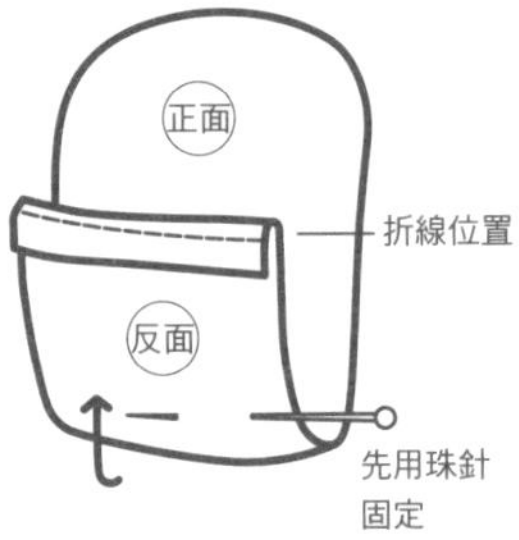
正面
折線位置
反面
先用珠針
固定

☆ 緞帶作法請參考 p85
「領結」的作法插圖

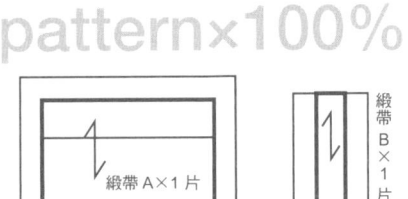

反面
反面
從這裡
翻回正面

插圖②

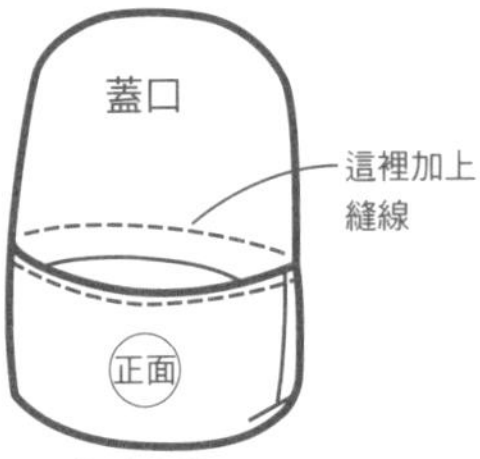
蓋口
這裡加上
縫線
正面

插圖③

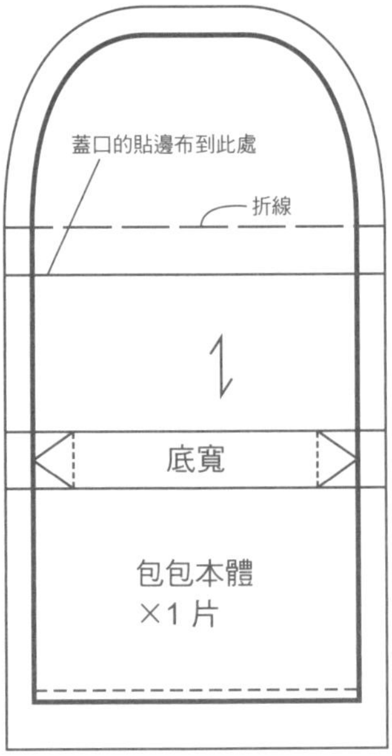
蓋口的貼邊布到此處
折線
底寬
包包本體
×1 片

pattern×100%

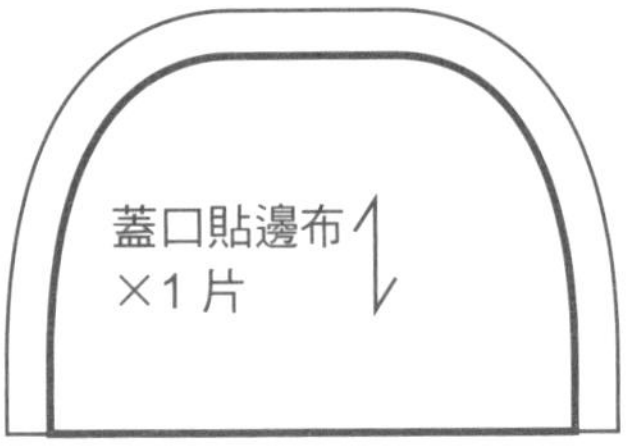
蓋口貼邊布
×1 片

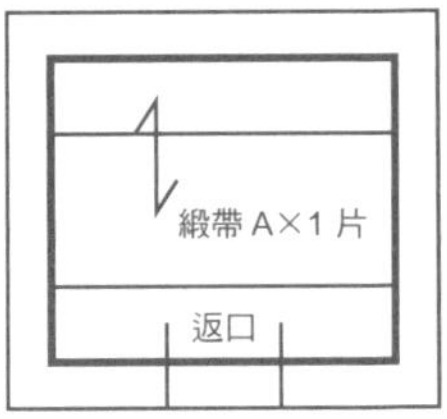
緞帶 A×1 片
返口

緞帶 B×1 片

「麂皮束口包」的作法&紙型

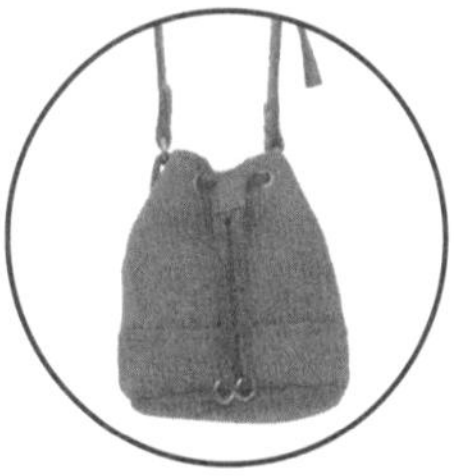

[材料] 合成麂皮・・・12cm×18cm
2mm 麂皮織帶・・・約 12cm
2mm 扣眼・・・4 個
5mm 圓型環（C 型環亦可）・・・4 個
3mm 圓型環・・・2 個
1.5～2mm 燙片・・・8 個（依喜好調整）

皮帶部件
A　4mm×11cm＝1 條
B　4mm×3cm（一端匚字形縫線）＝2 條
C　4mm×6.5cm（一端匚字形縫線）＝1 條

[作法]
① 在合成皮上描出、裁下紙型。
② 參考 p32 步驟①-⑨，製作皮帶部件。分別剪成所需長度。
③ 2 條部件 B 穿過 5mm 圓型環對折黏合（步驟③-⑥，插圖①）。
④ A部件穿過一條 B 部件的圓型環，往下折 1cm 黏合，
A部件的另一端穿過 2 個圓型環，往下折 1cm 黏合。
⑤ C部件穿過另一條 B 部件的圓型環，往下折 1cm 黏合。
⑥ 皮帶部件分別黏上燙片。
⑦ 2 片本體袋口往下折，在布邊縫線。
⑧ 在扣眼標註位置，鑽出扣眼。
⑨ 拼接部件正面相對縫合，縫份往拼接部分倒，縫線固定。
⑩ 正面相對，兩側縫合，拼接部件與底寬接合的縫份部分剪出牙口（插圖②）。
⑪ 正面相對，底寬側邊接合位置對齊本體縫合處，用珠針固定後，疏縫固定。
⑫ 底寬用縫紉機縫線後，翻回正面。
⑬ 將步驟③-⑥製作的皮帶部件，黏合在本體兩側（插圖③）。
⑭ C部件前端穿過 A 部件圓型環。
⑮ 束繩扣部件的兩邊往內折，在中心縫線固定（插圖④）。
⑯ 將麂皮織帶穿過扣眼。
⑰ 麂皮織帶前端穿過棉被針後，穿過束繩扣部件。
⑱ 麂皮織帶前端穿過 3mm 圓型環後黏合。
⑲ 收緊麂皮織帶，用束繩扣固定即完成。

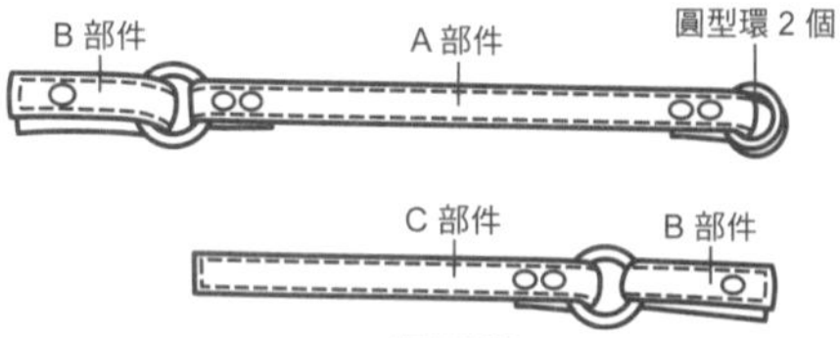
B 部件
A 部件
圓型環 2 個
C 部件
B 部件
插圖①

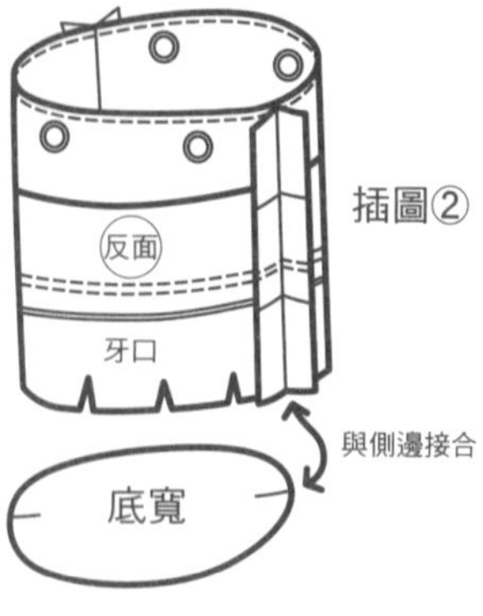
反面
牙口
與側邊接合
底寬
插圖②

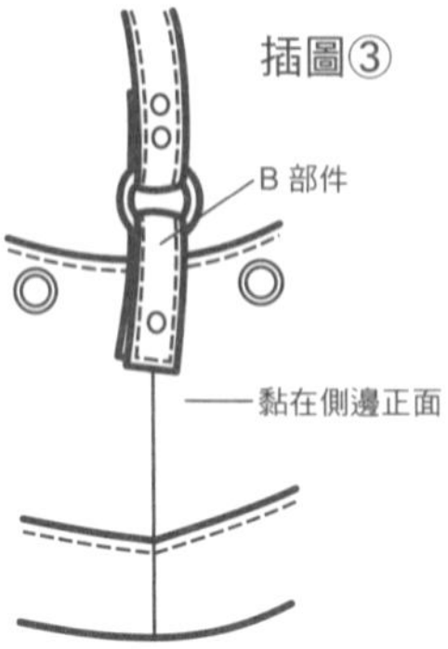
B 部件
黏在側邊正面
插圖③

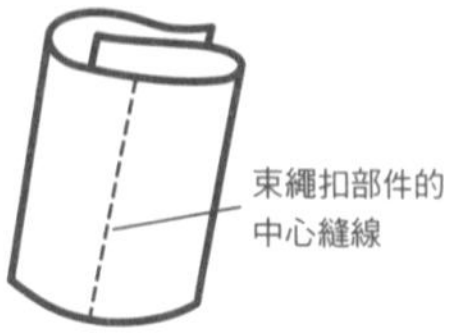
束繩扣部件的
中心縫線
插圖④

pattern×100%

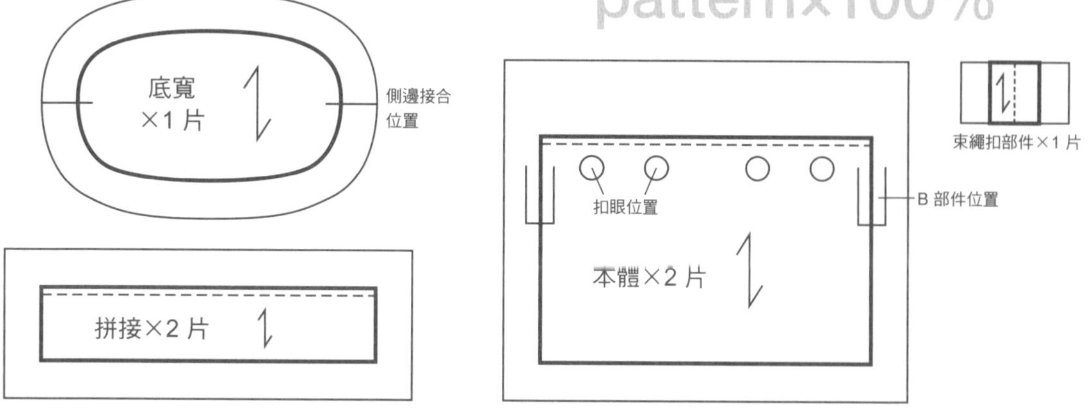
底寬
×1 片
側邊接合
位置
拼接×2 片
扣眼位置
B 部件位置
本體×2 片
束繩扣部件×1 片

「郵差包」的作法&紙型

[材料] 本體用漆皮、低溫布襯・・・各 16cm×8cm
底寬用漆皮、低溫布襯・・・各 5cm×8cm
滾邊用細平棉布・・・適量（斜向裁剪）
5mm 寬羅緞織帶・・・19cm
5mm 寬棉布織帶・・・42cm
7mm 圓型環（C 型環亦可）・・・4 個
娃娃用或手錶用的迷你日字扣・・・1 個

B 織帶
前端內折黏合
插圖①

[作法] ① 漆皮較薄，須貼布襯使用。不耐熱，所以請使用低溫布襯。
在漆皮上描出、裁下紙型。事先標註底寬記號。
② 將棉布織帶剪成，19cm（A）1 片、4cm（B）1 片、2.5cm（C）2 片、3cm（D）2 片、7.5cm（E）1 片。
③ 棉布織帶 B 穿過日字扣對折，前端往內折後用接著劑固定（插圖①）。
④ 棉布織帶 C 穿過 2 個圓型環對折，前端（不需內折）用接著劑固定。
棉布織帶 D 前端往內折約 5mm，用接著劑固定（插圖②）。
⑤ 棉布織帶 A 和羅緞織帶的前端，各自往內折約 5mm，
用接著劑固定（插圖③）。
⑥ 棉布織帶和羅緞織帶，2 條重疊，兩側縫合。
⑦ 斜向裁剪布料包覆在蓋口周圍，縫成滾邊設計。
棉布織帶 C 縫在標註位置。
⑧ 前面和背面的袋口往下折縫線。
⑨ 將棉布織帶 D 的一端，暫時固定縫在底寬的標註位置（插圖④）。
⑩ 前面、背面和底寬的正面相對縫合，縫份往底寬倒，縫上 2 條縫線。
⑪ 確定標註位置，縫上蓋口，在上面疊上棉布織帶 E。
⑫ 本體正面相對重疊，縫合兩側。
⑬ 縫合底寬（參考 p27 步驟⑲-㉒），翻回正面。
⑭ 棉布織帶 A 和棉布織帶 B，分別縫合在本體兩側（插圖⑤）。
⑮ 棉布織帶 A 穿過日字扣即完成。

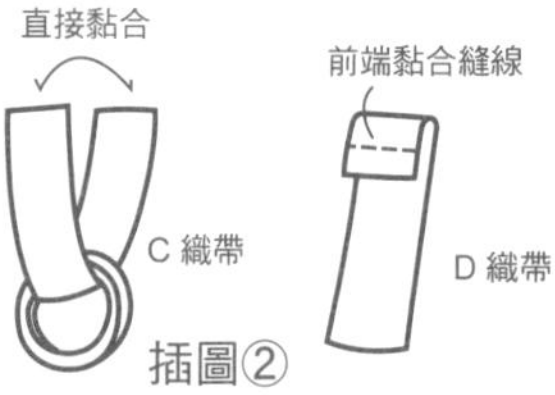
直接黏合
C 織帶
前端黏合縫線
D 織帶
插圖②

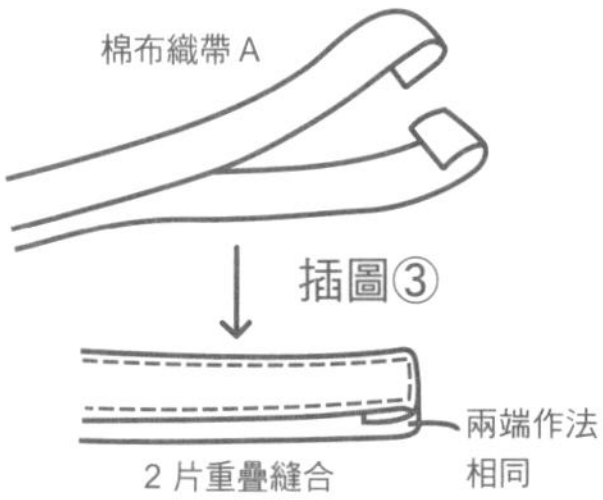
棉布織帶 A
兩端作法相同
2 片重疊縫合
插圖③

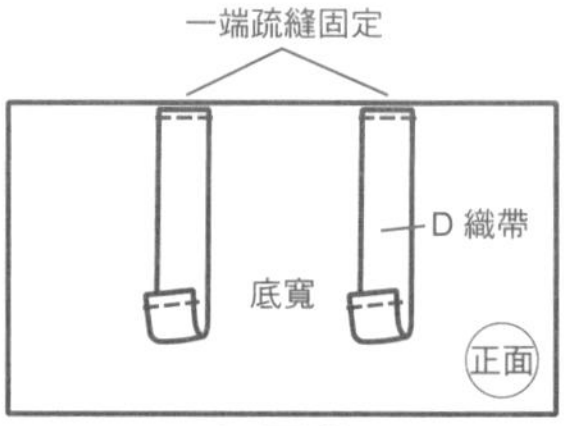
一端疏縫固定
D 織帶
底寬
正面
插圖④

插圖⑤
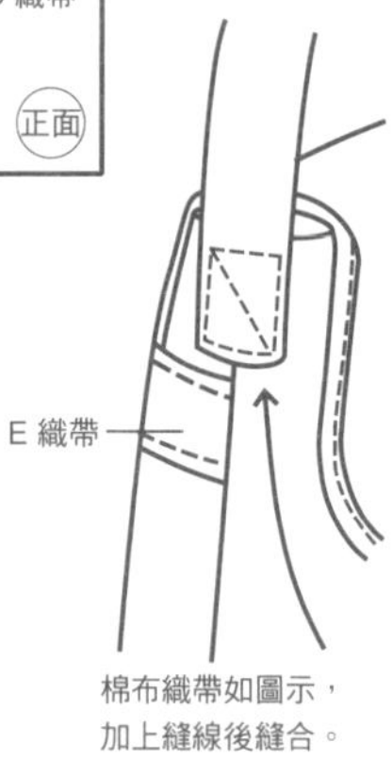
E 織帶
棉布織帶如圖示，
加上縫線後縫合。

pattern × 100%

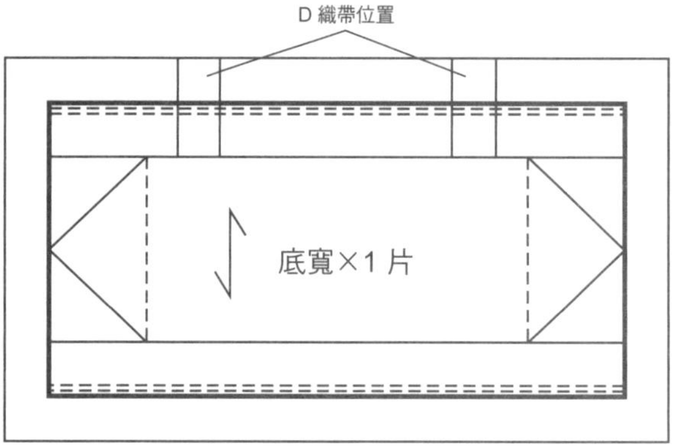
D 織帶位置
底寬×1 片

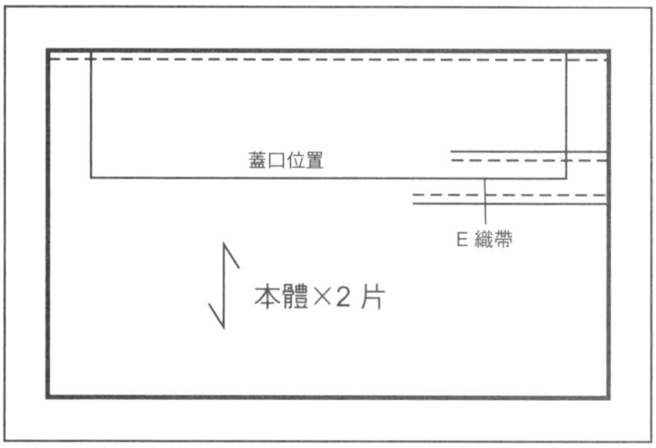
蓋口位置
E 織帶
本體×2 片

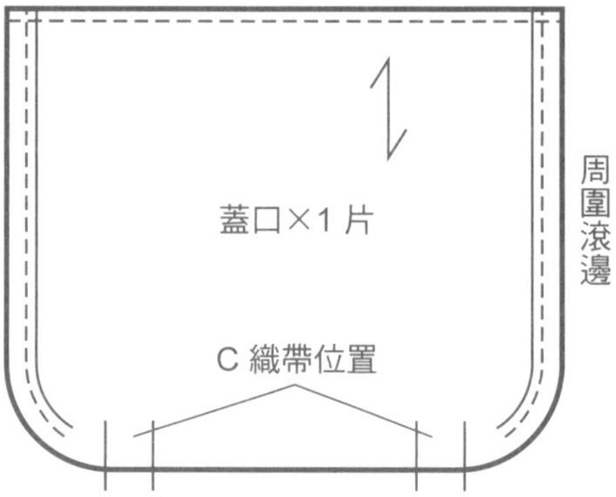
周圍滾邊
蓋口×1 片
C 織帶位置

「海灘遮陽帽」的紙型（s）

材料&作法 p46

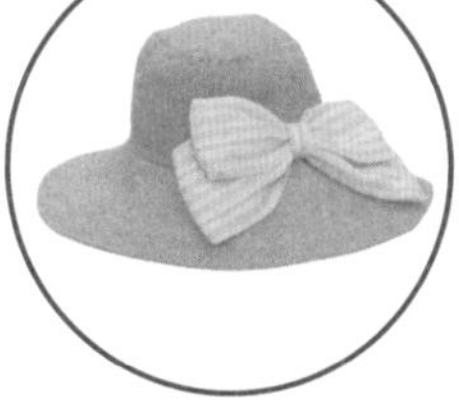

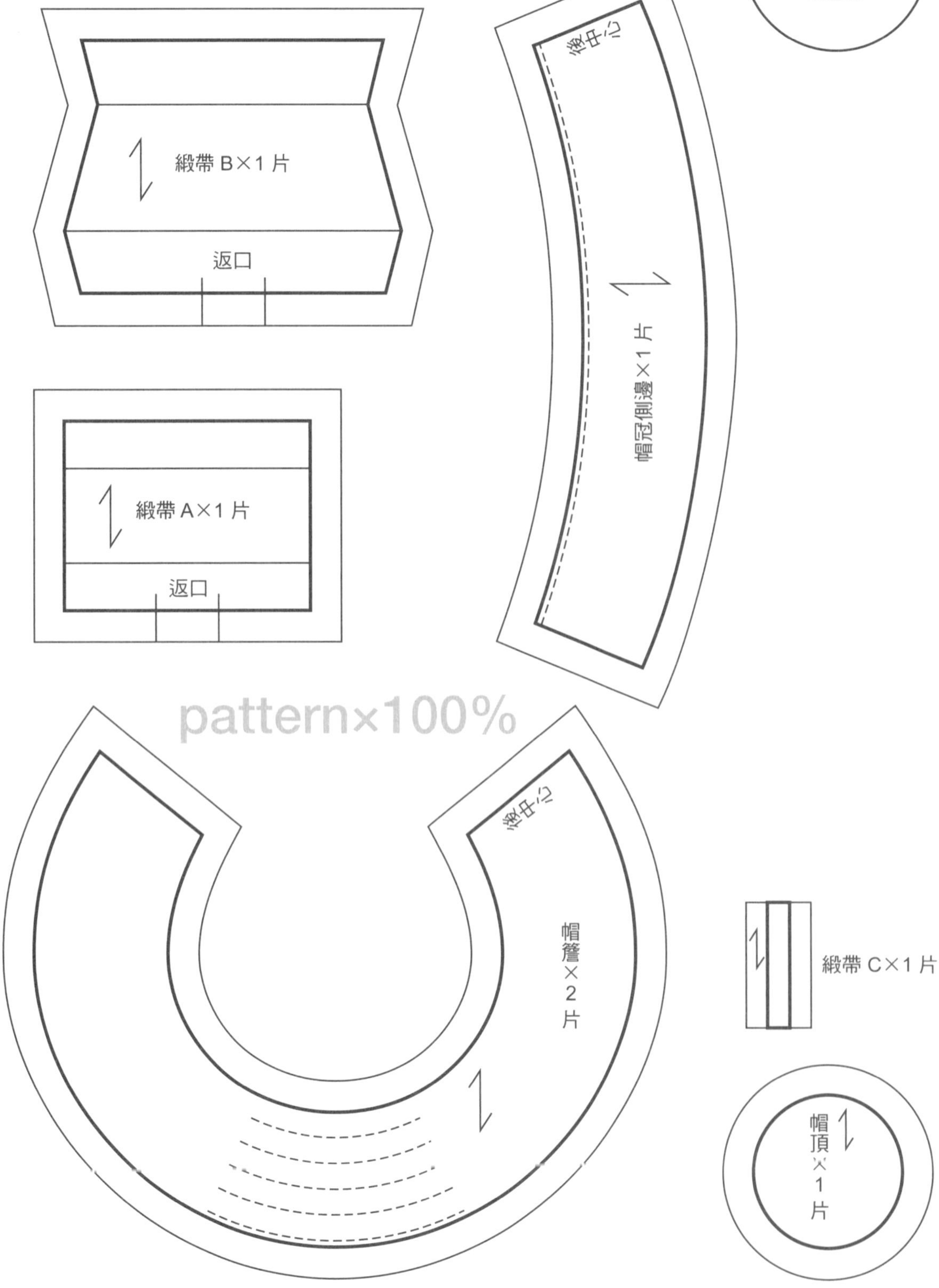
緞帶 B×1 片
返口
緞帶 A×1 片
返口
後中心
帽冠側邊×1 片
pattern×100%
後中心
帽簷×2 片
緞帶 C×1 片
帽頂×1 片

「針織帽」的紙型（S 尺寸）

材料&作法 p52

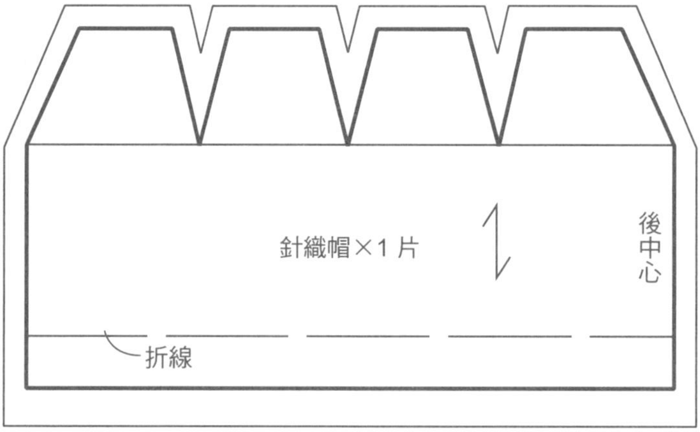
針織帽×1 片
後中心
折線

絨球×1 片

pattern×100%

「針織遮耳帽」的作法&紙型（S 尺寸）

[材料] 薄針織布・・・7cm×12cm
裡布用抓毛絨・・・4cm×12cm
裡布用軟薄紗・・・4cm×12cm
絨毛布（用於絨球）・・・4cm×4cm
4mm 娃娃用鈕扣・・・2 顆

[作法] ※ 全部步驟類似 p52 針織帽的作法，敬請參考。
① 在針織布和絨球用絨毛布上描繪、裁切出紙型。
② 不要裁剪裡布用的薄紗和抓毛絨。正面相對縫合。
③ 抓毛絨和薄紗的縫合處，對齊針織布的裡布拼接位置，正面相對重疊。
④ 縫合針織布帽口。
※尺寸較大的帽子，須將固定絨球的扣繩夾入再縫合。
⑤ 沿著針織布周圍，小心裁剪裡布的抓毛絨（步驟③-⑤，插圖①）。
⑥ 在縫份弧線處剪出牙口，翻回正面。
⑦ 用錐針整理出漂亮的弧形，用熨斗壓熨平整。
⑧ 針織布的周邊與裡布縫合，小心沿著針織布剪下裡布。
⑨ 縫合 2 個打折處。
⑩ 後中心正面相對，從下經過帽頂縫合至中心部分（插圖②）。
⑪ 翻回正面。
⑫ 參考 p53 製作絨球，縫在帽頂。
⑬ 在遮耳部分製作扣繩。
⑭ 在遮耳上翻的位置縫上鈕扣即完成。

※ 大尺寸帽子的絨球，請使用市面一般販售的絨毛布或毛料，製成絨球縫上。

插圖①

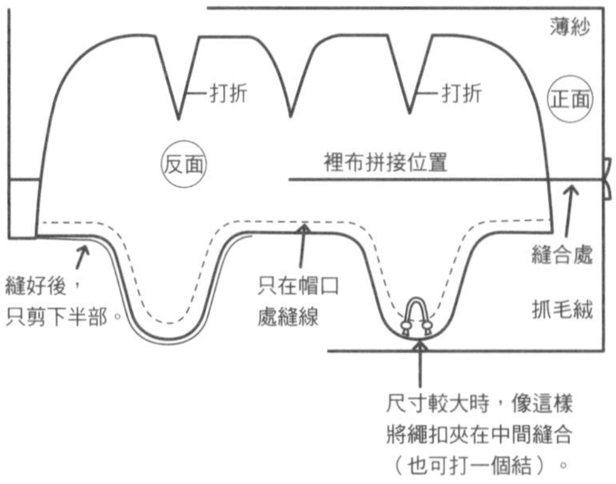
薄紗
打折
打折
正面
反面
裡布拼接位置
縫合處
縫好後，
只剪下半部。
只在帽口
處縫線
抓毛絨
尺寸較大時，像這樣
將繩扣夾在中間縫合
（也可打一個結）。

插圖②

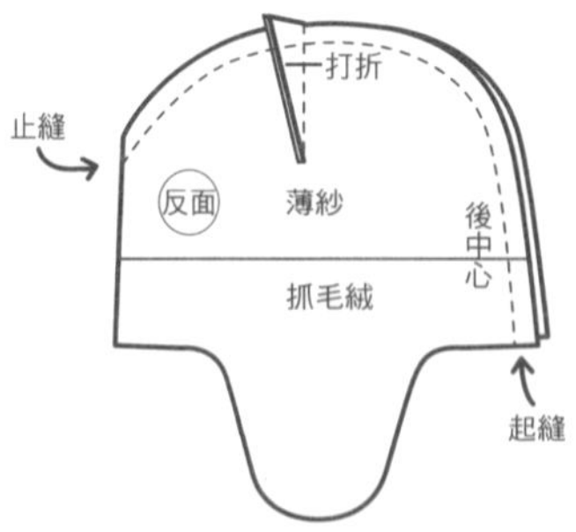
打折
止縫
反面
薄紗
後中心
抓毛絨
起縫

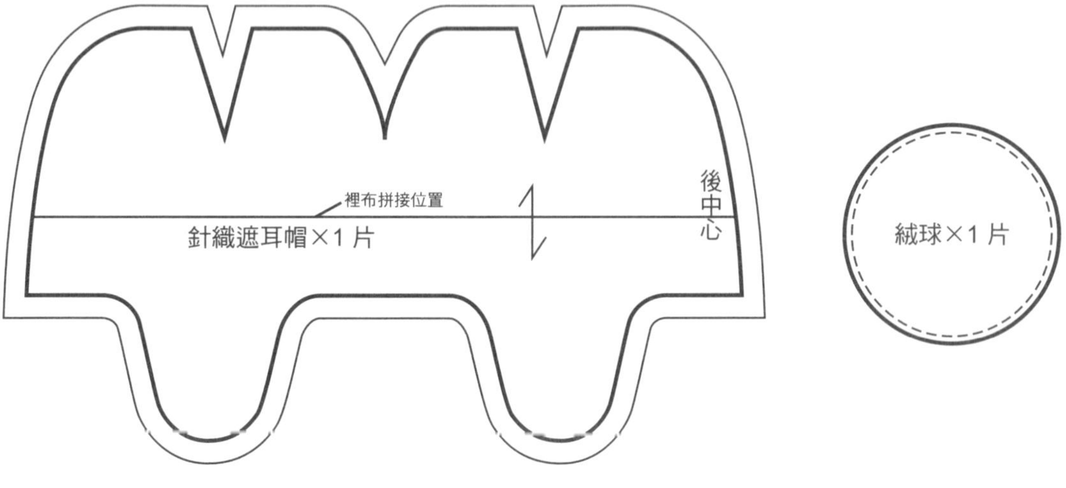
裡布拼接位置
針織遮耳帽×1 片
後中心
絨球×1 片

pattern×100%

「費多拉帽」的作法&紙型（S 尺寸）

[材料] 不要太薄、自己喜歡的布料、布襯・・・各 10cm×15cm
裝飾用緞帶或合成皮帶・・・適量

[作法] ※ 基本步驟類似 p46 海灘遮陽帽的作法，敬請參考。
① 在布料上貼上布襯，描出紙型，裁切後塗上防綻液。
※ 費多拉帽是比較硬挺的帽款，所以貼上布襯做起來比較漂亮。
② 帽冠側邊的上部剪出牙口，正面相對，後中心對齊縫合。
③ 帽頂的中心對齊帽冠側邊的中心，用珠針固定疏縫。
④ 用縫紉機縫合。縫線時請留意，前中心為銳角。
⑤ 翻回正面，用熨斗燙整接縫處。
⑥ 正面相對，分別縫合 2 片帽簷的後中心，打開縫份。
⑦ 帽簷正面相對重疊，對齊前後中心，用珠針固定多處。
⑧ 縫合帽簷邊緣。
⑨ 縫份剪成鋸齒狀，翻回正面。
⑩ 用錐針整出漂亮的弧線，用熨斗壓熨平整。
⑪ 在帽簷縫上一圈一圈的縫線，先標註大概的縫線位置。
⑫ 用縫紉機縫線，不是每縫一圈就離針，
而是縫至下一個縫線的位置，繼續一圈一圈縫下去。
⑬ 帽簷和帽冠前後中心對齊，用珠針固定疏縫。
⑭ 用縫紉機從帽冠內側縫合。
⑮ 縫份往帽冠倒，用熨斗壓熨。
⑯ 用縫紉機縫上縫線。
⑰ 只將帽簷後面上凹，在用熨斗熨燙成形。
⑱ 以帽頂為中心往內凹，在用熨斗熨燙成形。
⑲ 帽冠可圍上一圈緞帶或合成皮等當裝飾即完成。

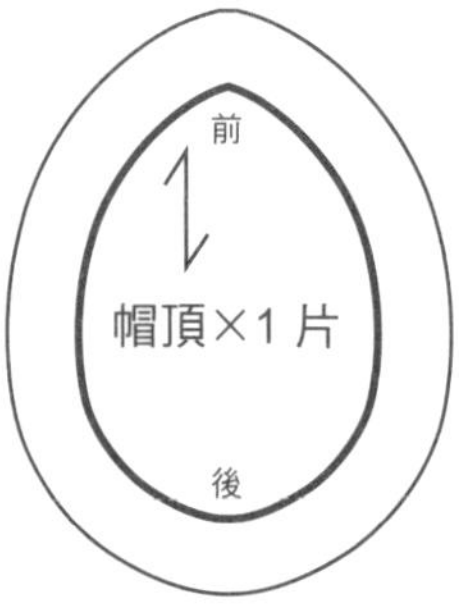
前
帽頂×1 片
後

pattern×100%

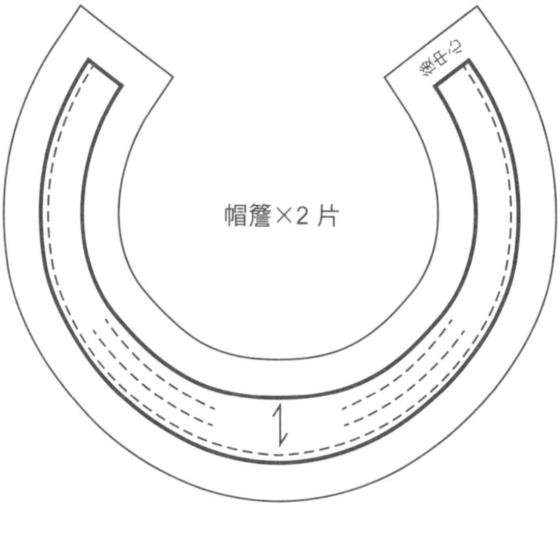
後中心
帽簷×2 片

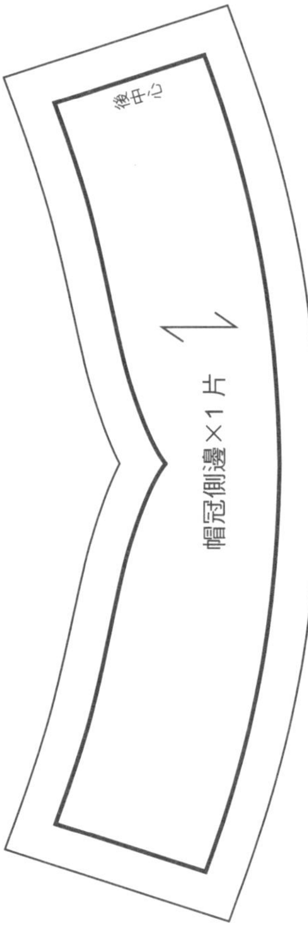
後中心
帽冠側邊×1 片

「帽簷針織帽」的作法&紙型（S尺寸）

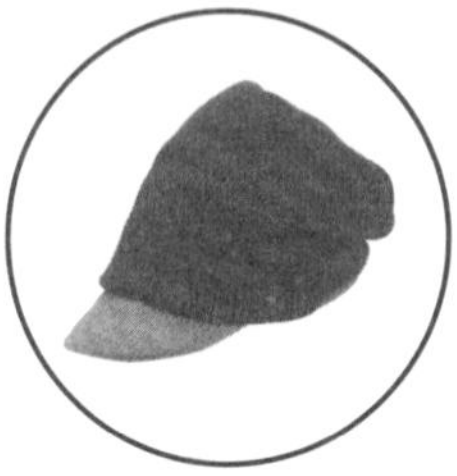

[材料] 薄針織布・・・15cm×14cm
硬挺的布襯・・・4cm×7cm
裝飾用鈕扣・・・2顆

[作法] ① 在布料上描繪、裁切出紙型。
帽簷布料的 1 片貼上布襯使用。
② 2片帽簷正面相對縫合。
③ 縫份剪成鋸齒狀，翻回正面。
用錐針整出漂亮的弧線，用熨斗壓熨平整。
④ 帽簷的中心，和帽冠側邊的前中心對齊，
用珠針固定，用縫紉機縫合（插圖①）。
⑤ 帽冠側邊的後中心正面相對縫合，打開縫份，
用熨斗壓熨。
⑥ 將帽後羅紋布料撐開，縫在帽口後側。
帽冠側邊呈筒狀，就像縫在筒狀內側（插圖②）。
⑦ 對齊帽頂和帽冠側邊的前後中心，用珠針固定疏縫。
⑧ 用縫紉機縫合，翻回正面。
⑨ 帽頂後中心部分和帽冠側邊後中心下部，
用線緊密縫合。
⑩ 在側邊縫上鈕扣裝飾即完成（插圖③）。

插圖①

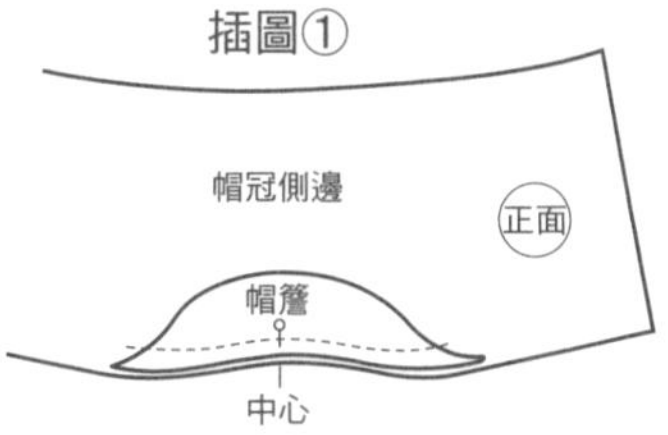
帽冠側邊
正面
帽簷
中心

插圖②

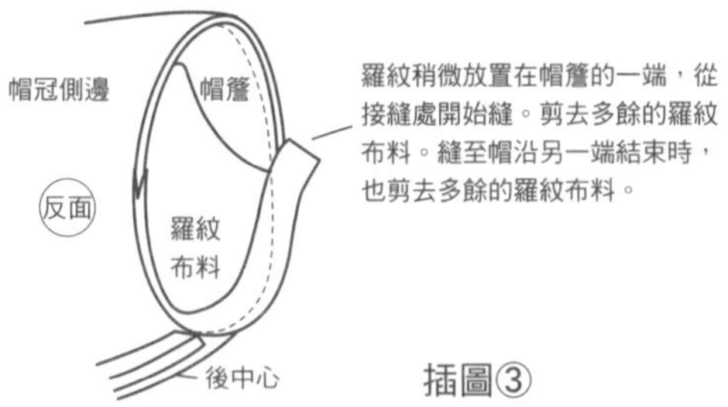
帽冠側邊
帽簷
反面
羅紋
布料
後中心
羅紋稍微放置在帽簷的一端，從接縫處開始縫。剪去多餘的羅紋布料。縫至帽沿另一端結束時，也剪去多餘的羅紋布料。

插圖③

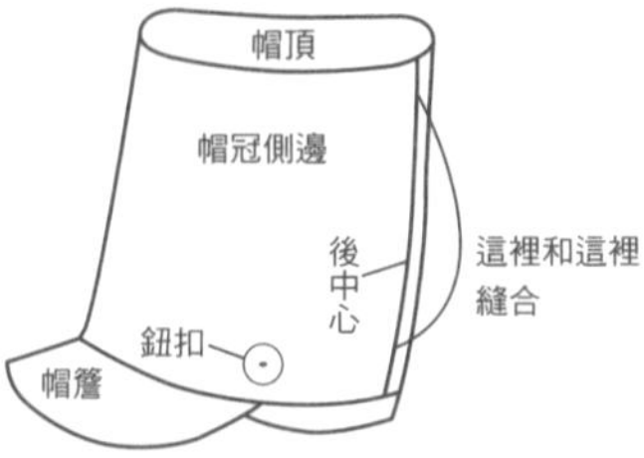
帽頂
帽冠側邊
後中心
這裡和這裡縫合
鈕扣
帽簷

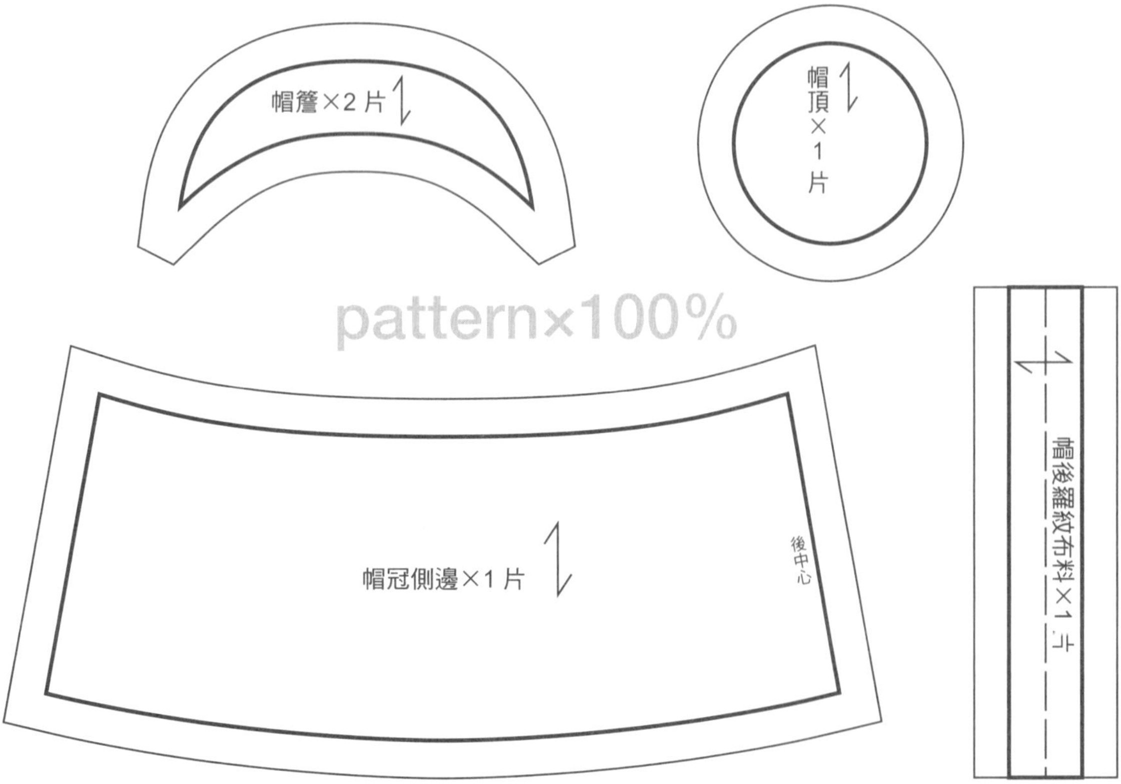
帽簷×2片
帽頂×1片
pattern×100%
帽冠側邊×1片
後中心
帽後羅紋布料×1片

「海軍帽」的作法&紙型（S尺寸）

[材料] 稍微硬挺的棉布（布襯）・・・11cm×13cm
斜向布料（同塊布料）・・・1.5cm×12cm（斜向剪裁）

[作法]
① 在布料上描出紙型，裁切後塗上防綻液。
選用稍微硬挺的布料較為理想，也可以貼上布襯調整。
② 帽簷正面相對縫合，縫份剪出牙口，剪成鋸齒狀（參考 p48）。
③ 翻回正面，用錐針整出漂亮的弧線，用熨斗壓熨平整，縫上縫線。
④ 帽冠側邊和皮帶中心對齊，正面相對，重疊縫合。
⑤ 縫份往皮帶倒，用熨斗壓熨平整。
⑥ 帽簷中心和皮帶中心對齊，用珠針固定，
將帽簷縫合在皮帶上（插圖①）。
⑦ 在皮帶上重疊斜向布料，撐開斜向布料，縫在皮帶上。
帽簷夾在中間。
⑧ 在帽簷縫份剪出牙口，縫份往皮帶倒，用熨斗壓熨平整。
⑨ 斜向布料下面打開的布料，與帽冠側邊後中心正面相對縫合。
⑩ 打開後中心縫份，斜向布料往內折（插圖②）。
⑪ 皮帶兩端縫上縫線。這時也將斜向布料一起縫入，
整齊固定於內側（插圖③）。
⑫ 帽頂對齊帽冠側邊中心，正面相對，用珠針固定疏縫。
⑬ 用縫紉機縫合。
⑭ 縫份剪成鋸齒狀，翻回正面。
⑮ 前側加上合成皮帶或繩條裝飾、鈕扣即完成。

插圖①

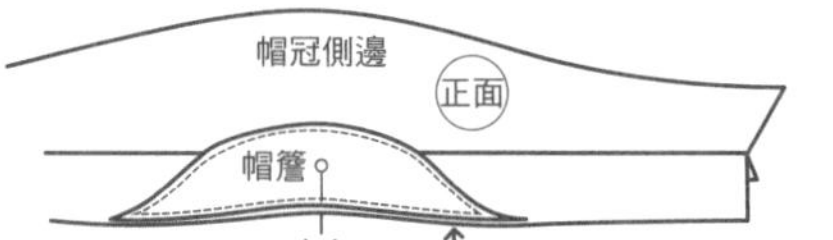
帽冠側邊
正面
帽簷
中心
縫在縫線外側，
從上面與斜向布料重疊，
縫上縫線。

插圖②

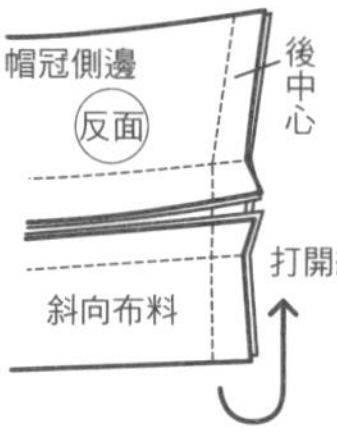
帽冠側邊
反面
後中心
打開縫份，往內側折。
斜向布料

插圖③

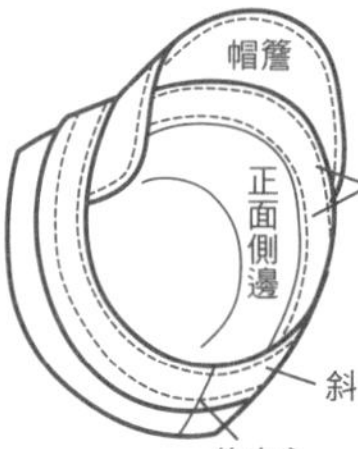
帽簷
從筒狀內側用
縫紉機縫線。
正面側邊
斜向布料
後中心

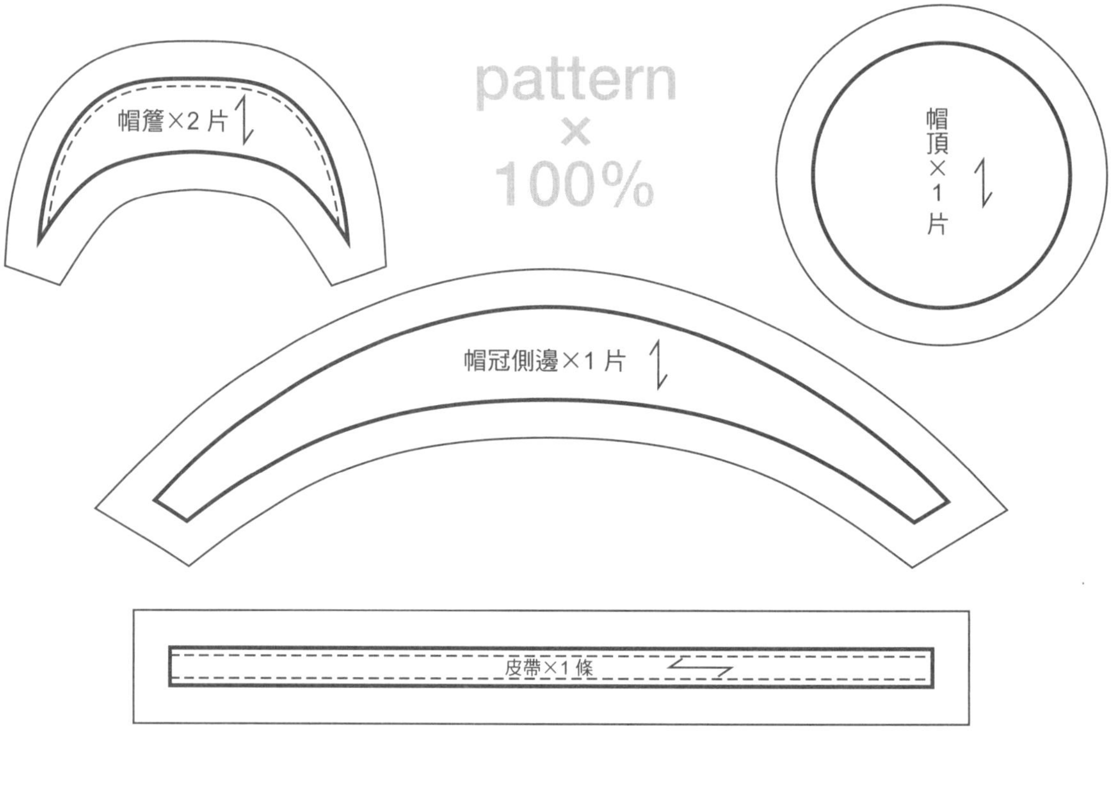
pattern
×
100%
帽簷×2片
帽頂×1片
帽冠側邊×1片
皮帶×1條

「假領片」的紙型

材料&作法 p56

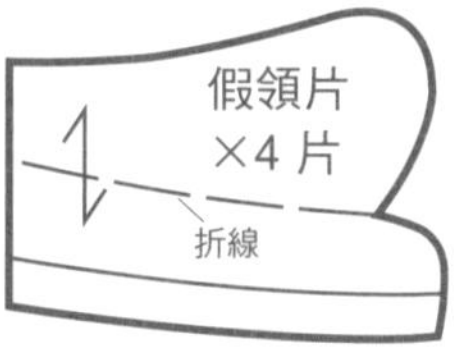
假領片
×4 片
折線

pattern×100%

5. 「絨毛圍巾」的紙型

材料&作法 p59

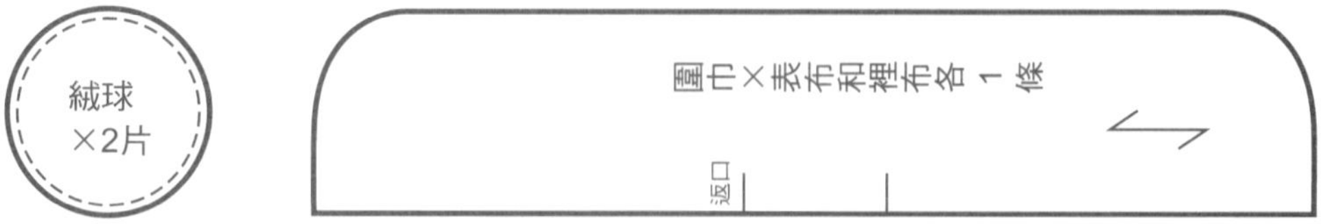
絨球
×2片
圍巾×表布和裡布各 1 條
返口

「脖圍」的作法&紙型

[材料] 薄針織布・・・18cm×7cm
※為了穿在展示的娃娃身上，選用頭部可拆卸換裝的娃娃。

[作法] ① 布料正面對齊，呈圈狀，用縫紉機縫合，打開縫份（插圖①）。
② 布料如插圖般折疊，預留返口縫合（插圖②-③）。
③ 一邊慢慢往自己的方向拉平布料，一邊持續縫合。
④ 縫好一圈後，從返口翻回正面（插圖③）。
⑤ 以接縫處為中心，用熨斗壓熨平整即完成。

※ 可不縫合返口，如果想縫合請用ㄈ字形縫合（插圖④）。
尺寸參考用，可依自己喜歡的尺寸，製作各種大小的脖圍。

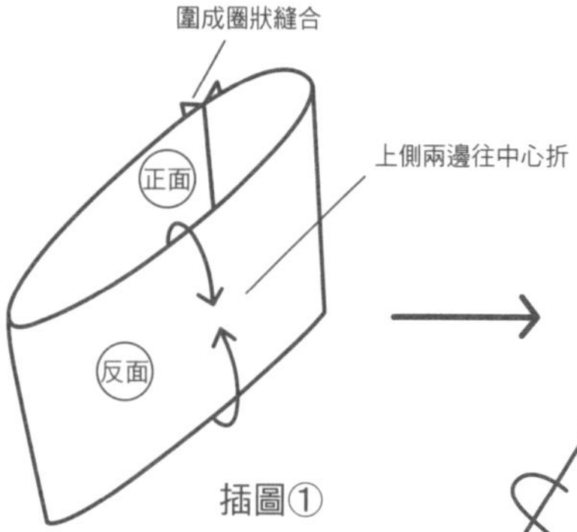
圍成圈狀縫合
上側兩邊往中心折
正面
反面
插圖①

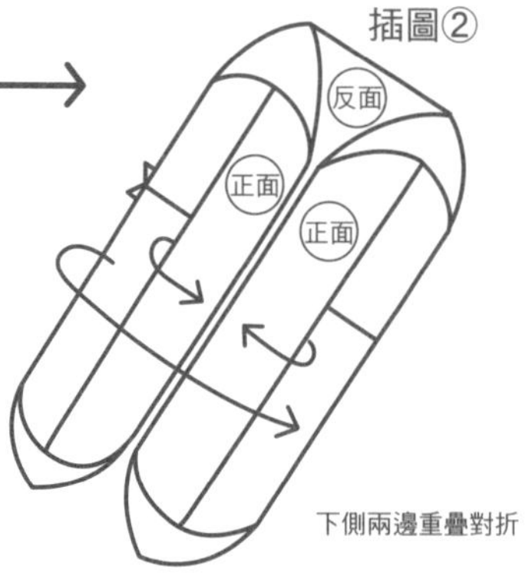
反面
正面
正面
下側兩邊重疊對折
插圖②

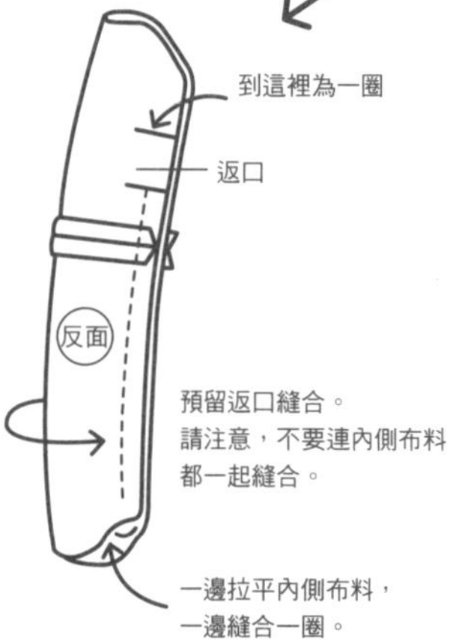
到這裡為一圈
返口
反面
預留返口縫合。
請注意，不要連內側布料
都一起縫合。
一邊拉平內側布料，
一邊縫合一圈。
插圖③

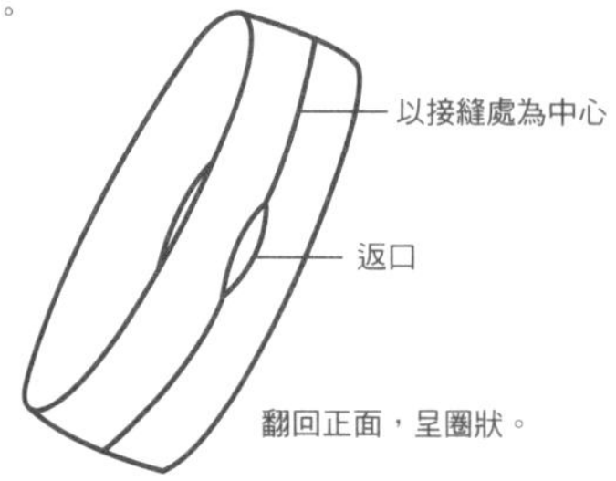
以接縫處為中心
返口
翻回正面，呈圈狀。
插圖④

pattern × 100%

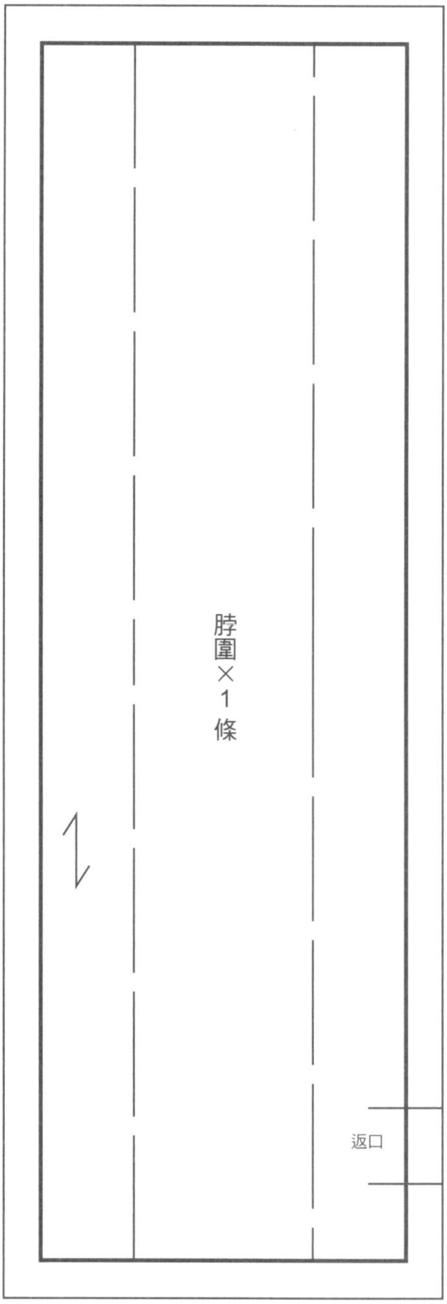
脖圍×1條
返口

「靴套」的作法&紙型

[材料] 薄且絨毛短的絨毛布・・・6cm×14cm
珍珠或鈕扣・・・4 顆

[作法] ① 在布料上描出、裁下紙型，先標註返口記號。
② 裁好的布料正面對折，預留返口縫合（插圖①）。
③ 打開縫份，以接縫處為中心，縫合兩側（插圖②）。
④ 用返裡鉗從返口翻回正面。
⑤ 用錐針整理出漂亮的邊角，用熨斗壓熨平整（插圖③）。
⑥ 一邊縫上圓珠（鈕扣）。
⑦ 另一邊縫上扣繩即完成（插圖④）。
※ 尺寸依使用布料有所不同，可依想搭配的靴子調整尺寸。
※ 使用的靴子為株式會社 SEKIGUCHI 的「STOC 系列」。

插圖①

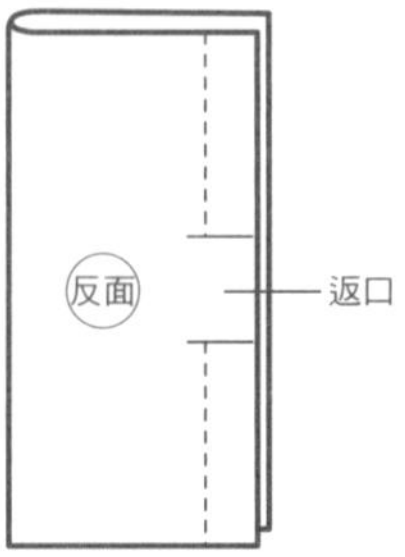
反面
返口

插圖②

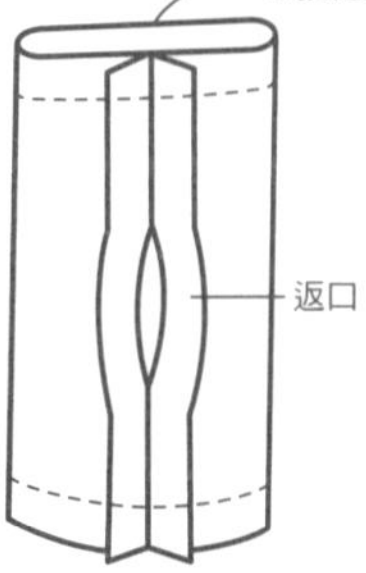
以接縫處為中心
返口

插圖③

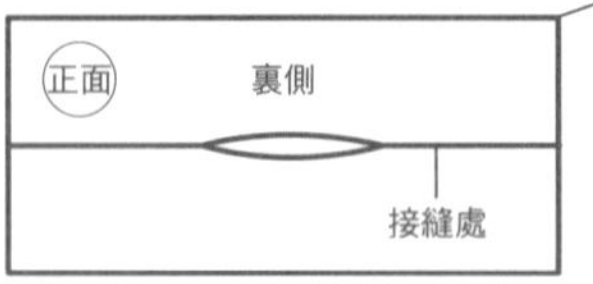
整理出漂亮的
邊角
正面
裏側
接縫處

插圖④

圓珠或鈕扣
正面
扣繩

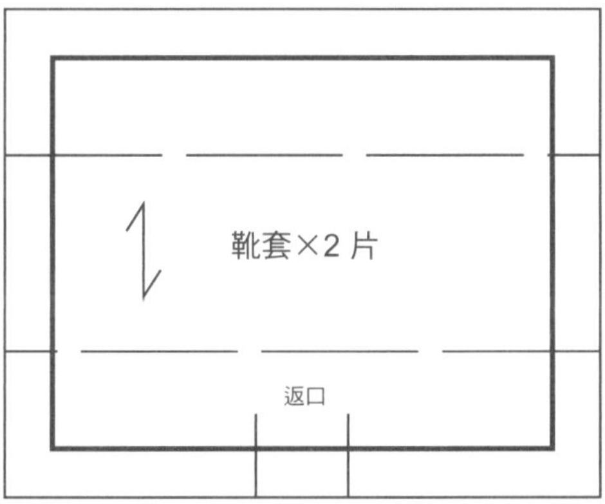
靴套×2 片
返口

pattern×100%

「水手假領片」的作法&紙型

A 款

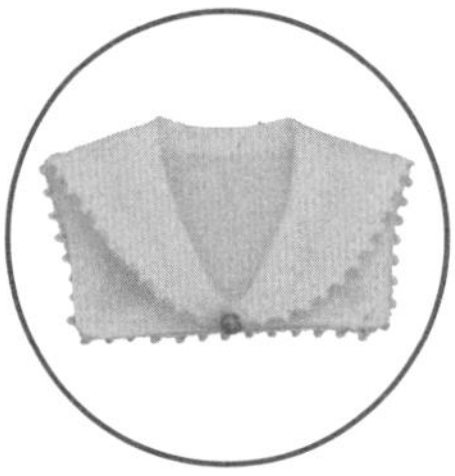

B 款

[材料] A 款　厚度約等同於細棉布的布料・・・7cm×16cm
B 款　厚度約等同於細棉布的布料・・・9cm×16cm
緞帶或蕾絲等裝飾材料・・・適量

[作法] ① 在布料上描出紙型。紙型上沒有縫份，所以請畫出完成線的縫線。先標註返口記號（插圖①）。
② 再準備 1 片布料，尺寸與描好紙型的布料相同。2 片正面相對。
③ 在畫出的縫份上用縫紉機縫合，從返口記號的一邊起縫，縫至另一邊返口記號（插圖②）。
④ 留下約 3mm 的縫份，剪去多餘布料。
⑤ 剪去邊角和尖角縫份，弧狀處剪成鋸齒狀（插圖③）。
⑥ 用返裡鉗從返口翻回正面。
⑦ 用錐針整理出漂亮的邊角和弧形，返口縫份收整內折，用熨斗燙平。
⑧ 返口用縫紉機縫線縫合（插圖④）。
⑨ 周圍可以縫上蕾絲或緞帶等喜愛的裝飾即完成（插圖⑤）。
※ 作品範例中，分別有 A 款（前面有圓珠加扣繩），還有 B 款（附上長緞帶打成蝴蝶結）。

插圖①

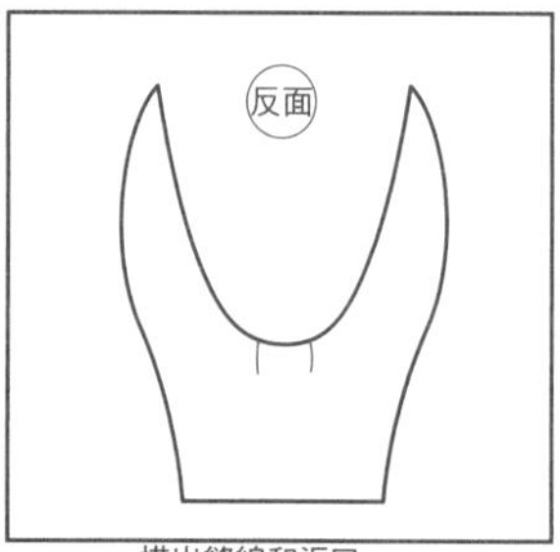
反面
描出縫線和返口

插圖②

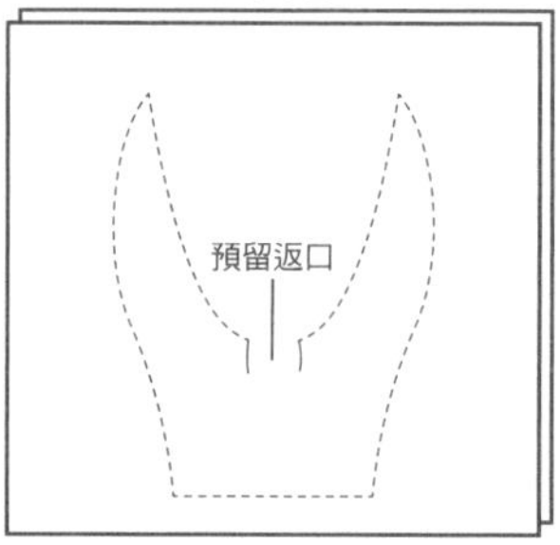
預留返口

插圖③

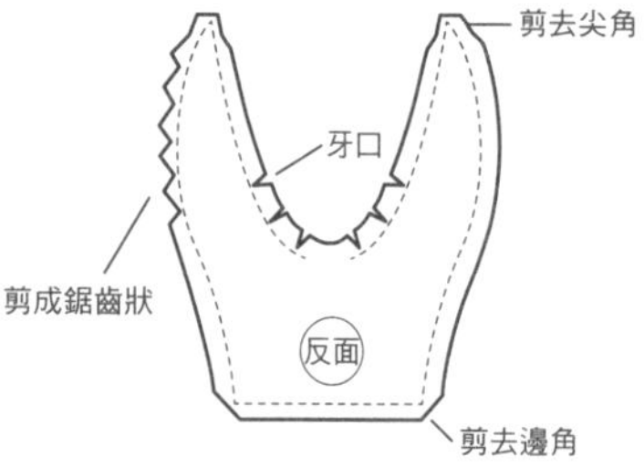
剪去尖角
牙口
剪成鋸齒狀
反面
剪去邊角

插圖④

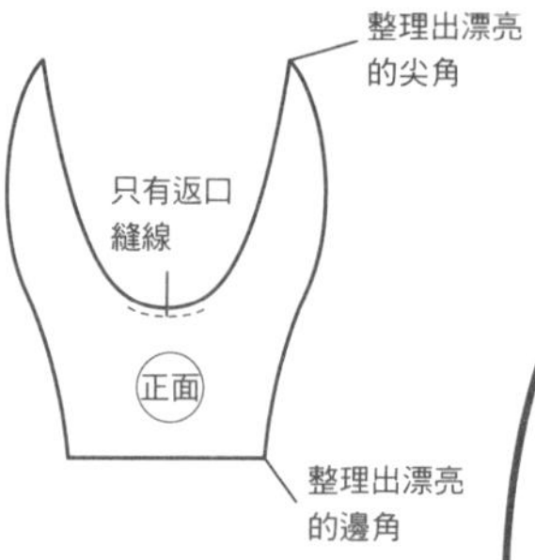
整理出漂亮
的尖角
只有返口
縫線
正面
整理出漂亮
的邊角

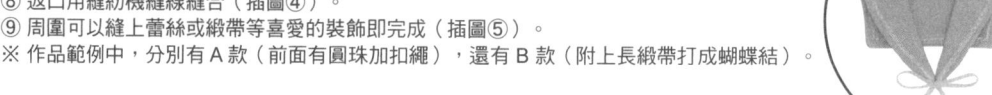

插圖⑤

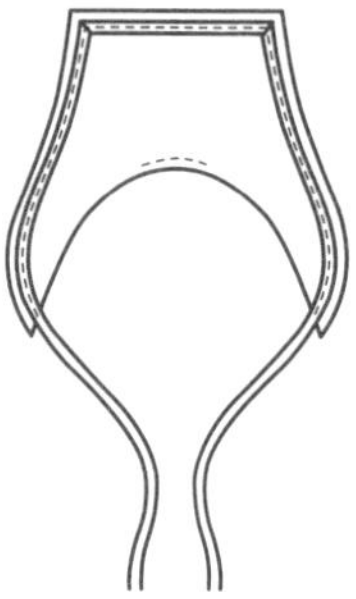

pattern×100%

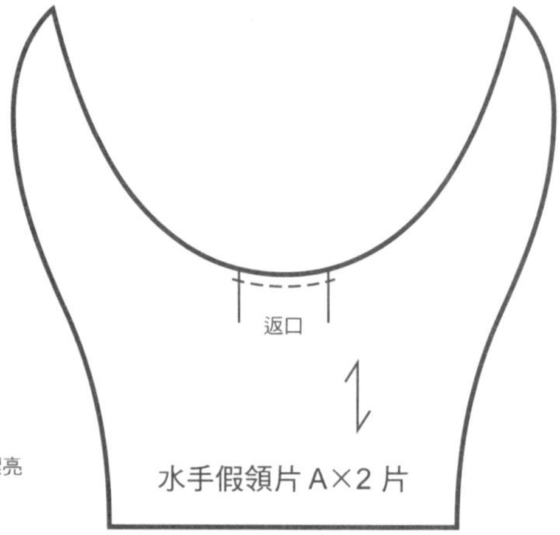
返口
水手假領片 A×2 片

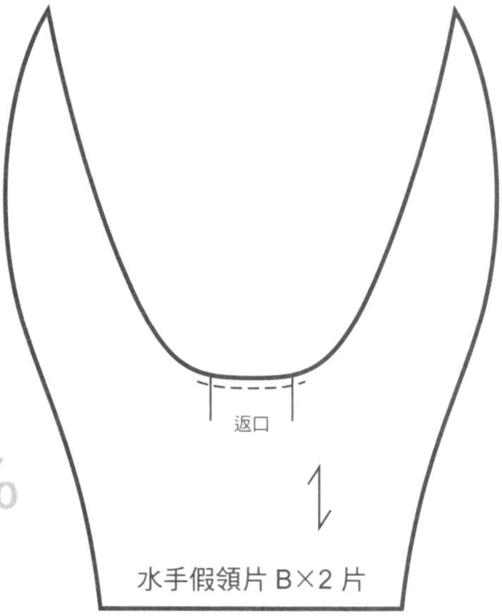
返口
水手假領片 B×2 片

「領帶」的作法&紙型

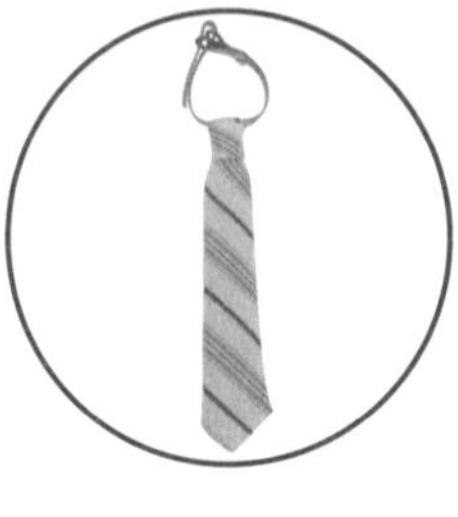

[材料] 厚度約等同於細平棉布或細棉布的布料・・・13cm×4cm
領圍用沙丁緞帶 1.5mm・・・適量
小尺寸圓型環・・・2 個

[作法] ① 在布料上描出、裁下紙型，布邊塗上防綻液。
② 依照插圖縫合。
③ B 部件的兩邊內折、壓熨。
④ 依照插圖縫合部件。
⑤ 緞帶的邊端穿過 2 個圓型環，縫合後即完成。

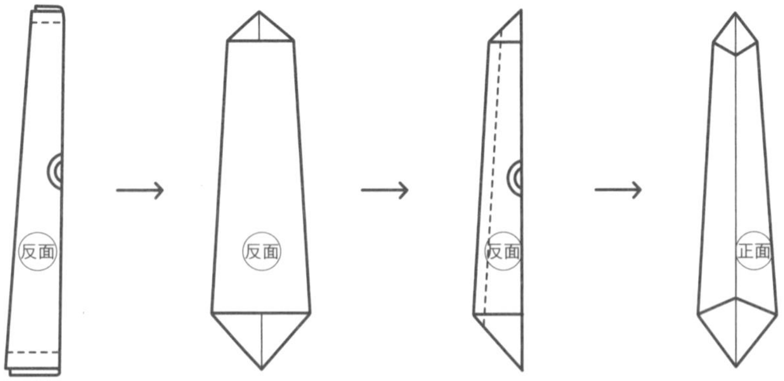
反面
反面
反面
正面

對折，上下縫線。

翻回正面，以縫合處為中心，做出尖角後壓熨。

再對折一次，縫線。

翻回正面，成袋狀領帶。

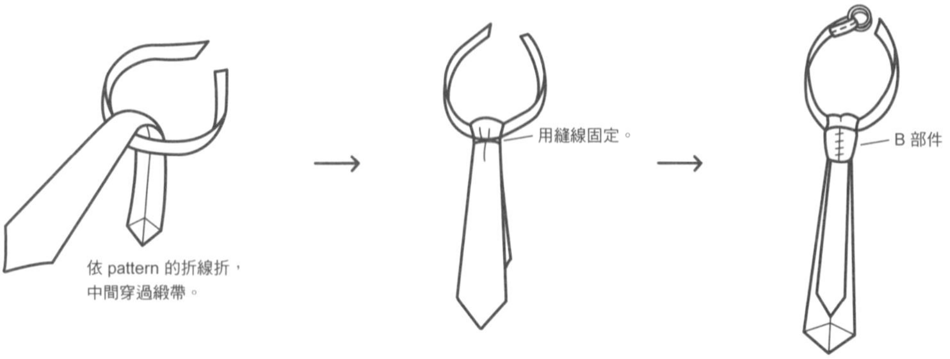
用縫線固定。
B 部件

依 pattern 的折線折，中間穿過緞帶。

B 部件在後面用藏針縫，緞帶前端加上圓形環。

pattern×100%

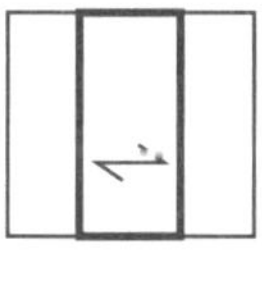
B 部件×1 片

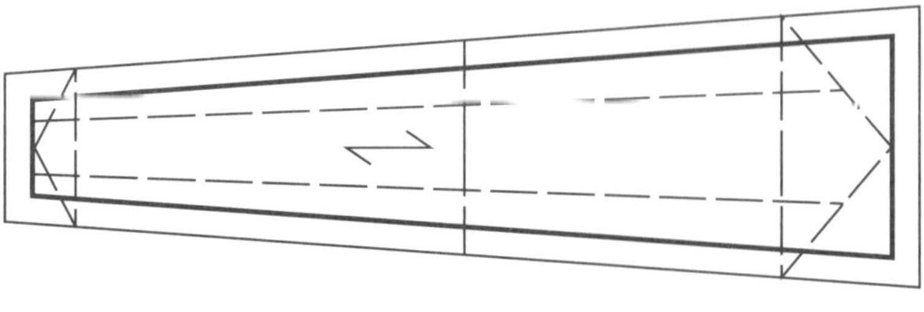
A 部件×1 片

「領結」的作法&紙型

[材料] 厚度約等同於細棉布的布料・・・3cm×4cm
領圍用沙丁緞帶 1.5mm・・・適量
小尺寸圓型環・・・2 個
※緞帶作法與 p50 海灘遮陽帽相同，敬請參考。

[作法] ① 在布料上描出、裁下紙型，布邊塗上防綻液。先標註返口記號。
② 裁好的布料正面對折，預留返口縫合（插圖①）。
③ 打開縫份，以接縫處為中心，縫合兩側（插圖②）。
④ 用返裡鉗從返口翻回正面。
⑤ 用錐針整理出漂亮的邊角，用熨斗壓熨平整。
⑥ 緞帶 B 部件的兩邊內折、壓熨（插圖③）。
⑦ 緞帶 A 部件中心用線收緊固定，縫上 B 部件。
⑧ 將沙丁緞帶夾在 B 部件內，B 部件繞圈後縫固定（插圖④）。
⑨ B 部件的一端內折後縫固定。
⑩ 緞帶的另一端穿過 2 個圓型環，縫合即完成（插圖⑤）。

插圖①

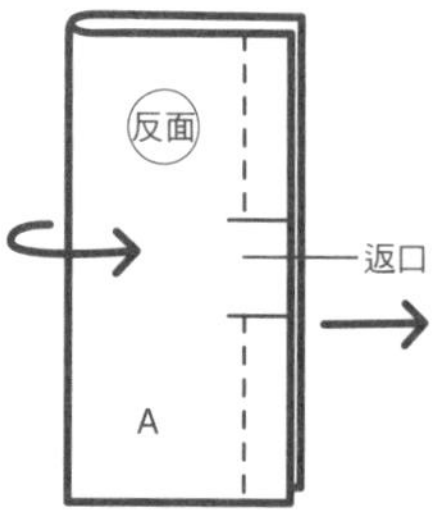
反面
返口
A

插圖②

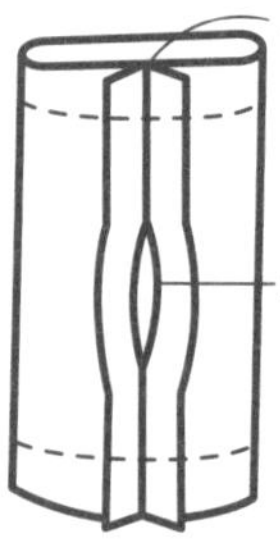
以接縫處為中心
返口

插圖③

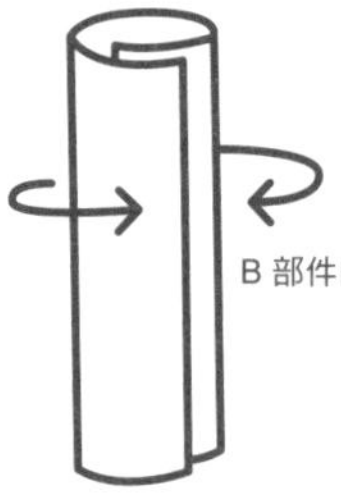
B 部件內折壓熨

插圖④

沙丁緞帶
B
A

插圖⑤

穿入 2 個圓型環

pattern×100%

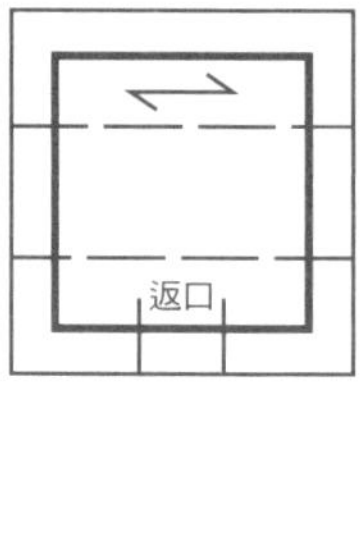
A 部件×1 片
返口

B 部件×1 片

「絨球圍巾」的作法&紙型

[材料] 薄針織布・・・26cm×6cm
絨毛布（用於絨球）・・・4cm×8cm

[作法]
① 在布料上描出、裁下紙型。
② 圍巾部件正面相對內折，用縫紉機縫合。
③ 用返裡鉗從一端翻回正面。
④ 以接縫處為中心，用熨斗壓熨。
⑤ 兩端用平針縫縫線收緊（參考插圖）。
⑥ 製作絨球（參考 p53）。
⑦ 兩端縫上絨球即完成。

絨球
×2 片

pattern×141%

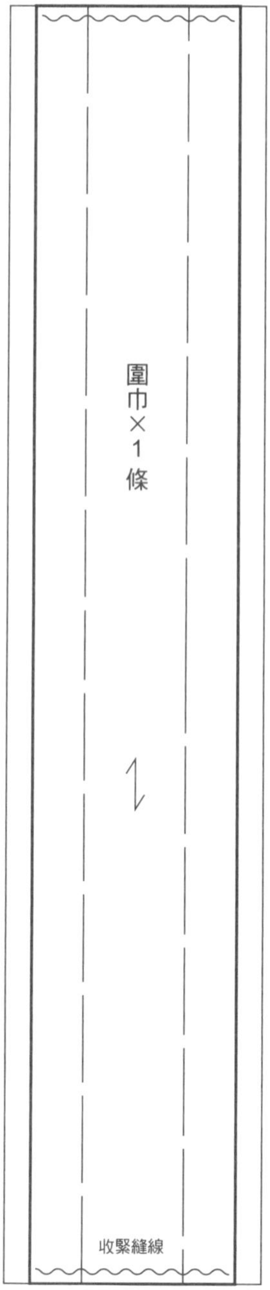
圍巾×1條
收緊縫線

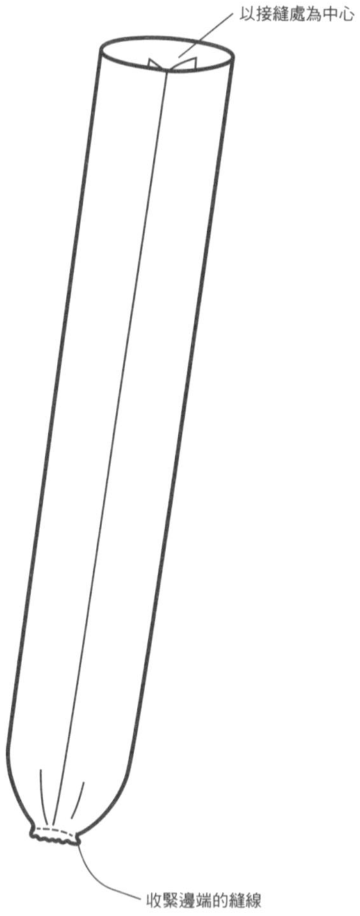
以接縫處為中心
收緊邊端的縫線

「手套」的作法&紙型

[材料] 薄針織布・・・5cm×10cm
薄布襯・・・5cm×10cm

[作法]
① 布料貼上布襯。
② 在布料上描出紙型。周圍沒有縫份，所以要畫出完成線的縫線。
③ 縫份用接著劑黏合。
④ 從布料中心對折，在畫出縫線的上面，用縫紉機縫線。
⑤ 留下約 3mm 縫份，沿形狀剪下。大拇指間小心剪出牙口。
⑥ 用返裡鉗翻回正面，用錐針漂亮整理出細部形狀。作業時請小心錐針將布料穿破。
⑦ 用熨斗壓熨平整即完成。

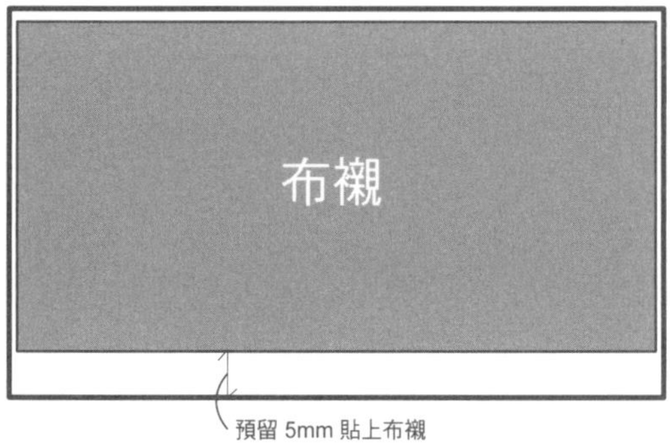
布襯
預留 5mm 貼上布襯

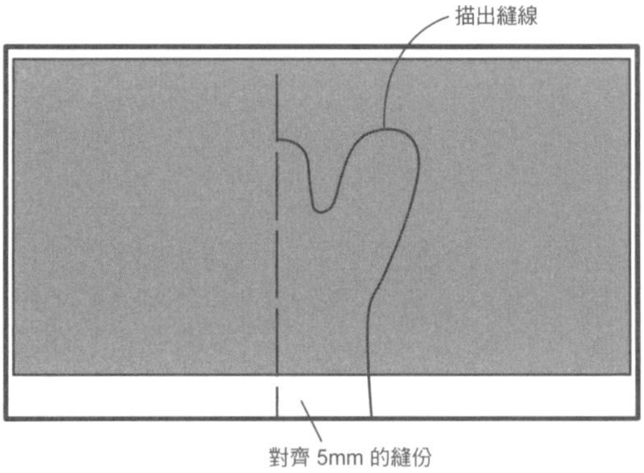
描出縫線
對齊 5mm 的縫份

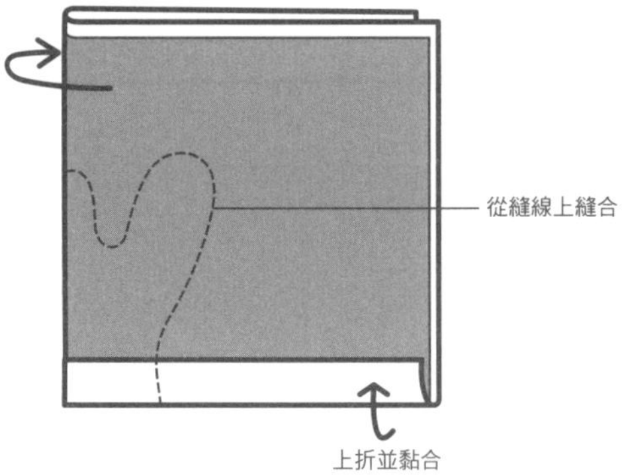
從折線對折
從縫線上縫合
上折並黏合

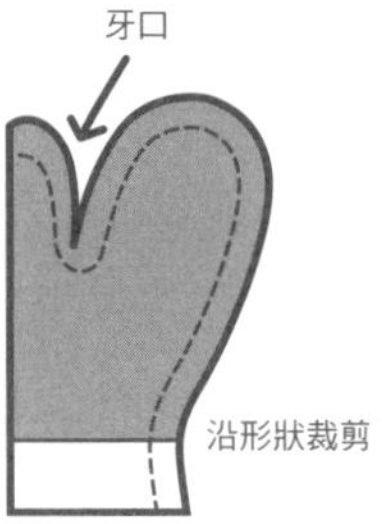
牙口
沿形狀裁剪

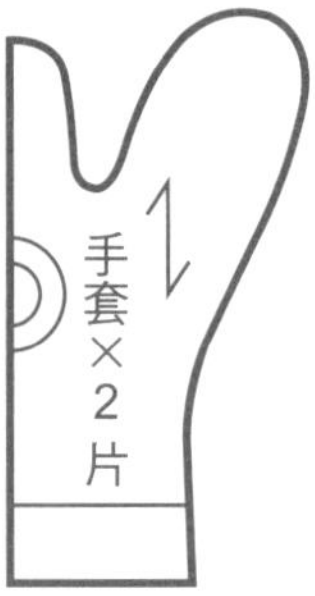
手套×2片

pattern×100%

「耳罩」的作法&紙型

[材料] A款　薄羊毛類布料・・・2cm×14cm
絨毛布・・・2cm×4cm
B款　薄羊毛類布料・・・2cm×10cm
絨毛布・・・4cm×4cm
娃娃用髮箍・・・1個
5mm 寬合成皮帶・・・9cm

[作法] ① 在絨毛布上描出耳罩紙型。事先標註返口位置。
紙型未標示縫份，所以請畫出完成線的縫線。
② A款的內側為絨毛，外側為羊毛，兩種布料正面相對。
B款的兩側都是絨毛，絨毛正面相對。
③ 在畫出縫線的上面，用縫紉機縫線。預留返口縫合（插圖①）。
④ 留下約 3mm 縫份，沿形狀剪下。
⑤ 用返裡鉗從返口翻回正面。
⑥ 返口縫份漂亮收整其中（插圖②）。
⑦ 用羊毛布料包捲髮箍，用接著劑固定。
接著劑若塗太多會從布料滲出，還請留意（插圖③）。
⑧ 在包捲接合處（髮箍內側），用接著劑黏上合成皮帶（插圖④）。
⑨ 髮箍的兩端插入耳罩部分，不要太明顯的用線縫合（插圖⑤）。
⑩ 兩側縫合即完成。

pattern
×
100%

插圖①

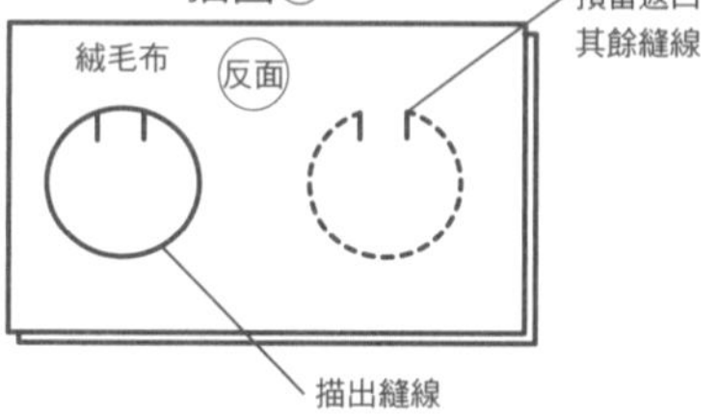
絨毛布
反面
預留返口
其餘縫線
描出縫線

返口縫份內塞
正面

插圖②

插圖③

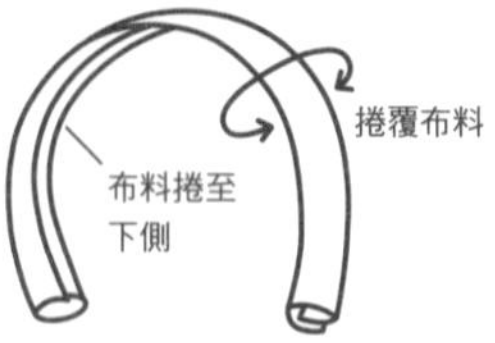
捲覆布料
布料捲至
下側

返口
耳罩
×4片

插圖④

貼上合成
皮帶

插圖⑤

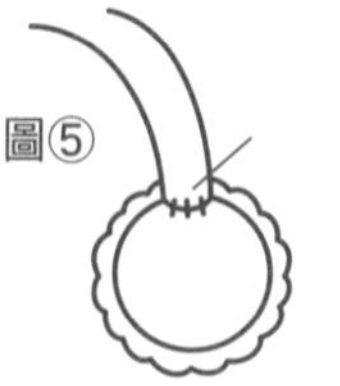

「連帽披巾」的作法&紙型

[材料] 羊毛或法蘭絨風格的薄布料・・・28cm×22cm
固定扣繩的合成皮帶・・・2cm
做成扣繩的細線・・・適量
娃娃用的繩扣・・・1個

[作法] ① 在布料上描出、裁下紙型，布邊塗上防綻液（要做邊飾的布邊不需塗）。
② 連帽帽口對折，壓熨折線，熨出折痕（插圖①）。
③ 連帽正面對折，領圍、後中心對齊。
④ 兩側的後中心用縫紉機縫合（插圖②）。
⑤ 打開縫份，用熨斗壓熨，翻回正面。
⑥ 連帽後中心的一邊內凹，做出連帽狀。
步驟②中有先熨出折痕，依照痕跡折出。領圍縫線（插圖③）。
⑦ 披巾的衣襬縫線後，抽出緯線，做出邊飾。
⑧ 披巾的中心和連帽的後中心正面相對，用珠針固定。
⑨ 連帽和披巾縫合（插圖④）。
⑩ 披巾的上下縫份折起，用熨斗壓熨後縫線。
⑪ 在固定扣繩的位置，縫上扣繩和繩扣。
⑫ 上面覆蓋固定扣繩用的合成皮帶，並縫線固定（插圖⑤）即完成
（因為尺寸迷你，用縫紉機不好縫時可手縫代替）。

插圖①

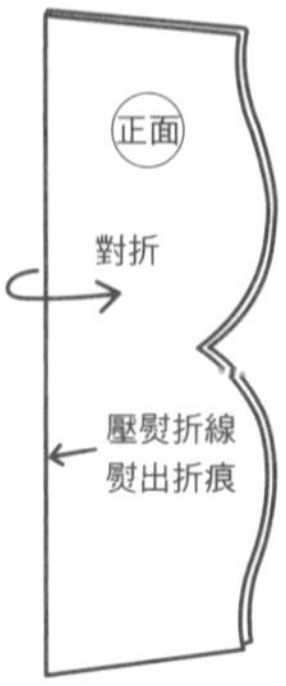
正面
對折
壓熨折線
熨出折痕

插圖②

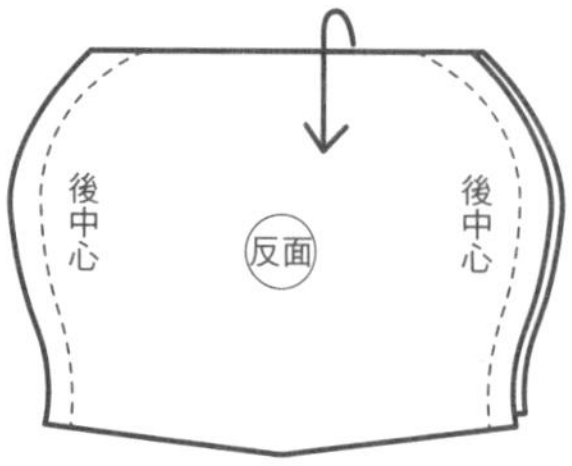
後中心
反面
後中心

插圖③

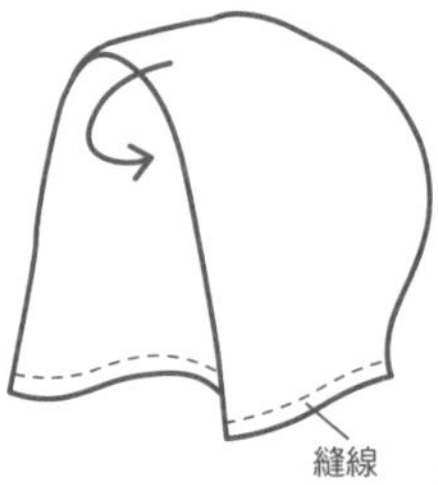
縫線

插圖④

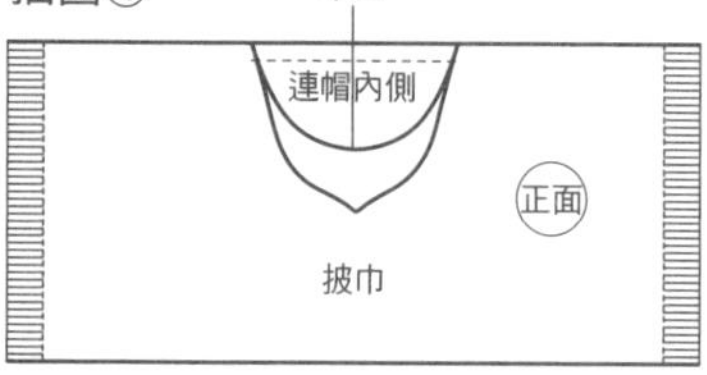
中心
連帽內側
正面
披巾

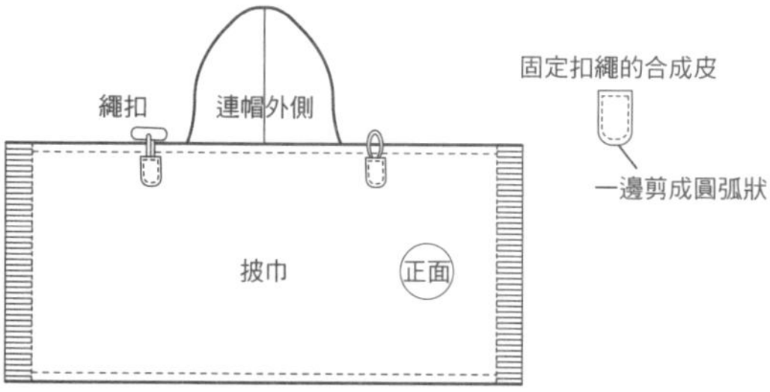
繩扣
連帽外側
固定扣繩的合成皮
一邊剪成圓弧狀
披巾
正面

插圖⑤

pattern×141%

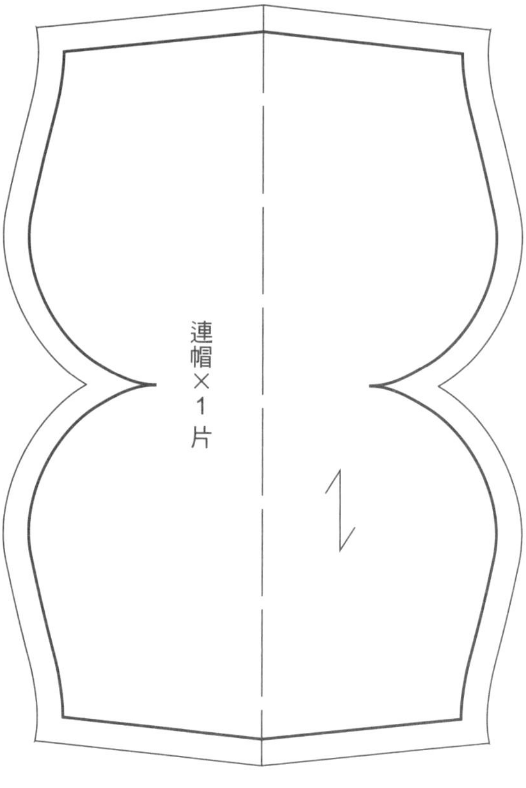
連帽×1片

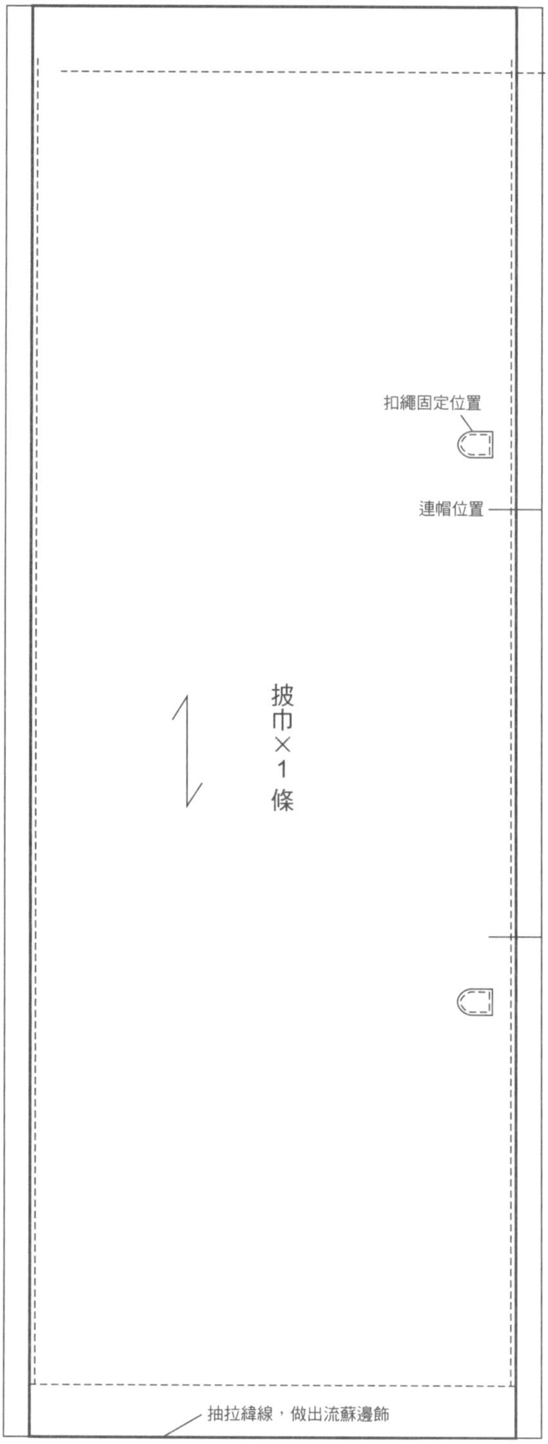
扣繩固定位置
連帽位置
披巾×1條
抽拉緯線，做出流蘇邊飾

Bonus Track

各種尺寸的帽子

〈基本尺寸〉 Ⓢ尺寸（頭圍：約 9.5cm） Ⓜ尺寸（頭圍：約 12cm） Ⓛ尺寸（頭圍：約 21cm） ⓁⓁ尺寸（頭圍：約 27cm）

[材　料]

海灘遮陽帽

Ⓜ尺寸
表布材質（布襯）・・・14cm×15cm
裡布材質
（細棉布等薄布料）・・・11cm×21cm
Ⓛ尺寸
表布材質（布襯）・・・22cm×22cm
裡布材質
（細棉布等薄布料）・・・17cm×34cm
ⓁⓁ尺寸
表布材質（布襯）・・・30cm×30cm
裡布材質
（細棉布等薄布料）・・・23cm×40cm

針織帽

Ⓜ尺寸
薄針織布・・・7cm×13cm
內襯軟薄紗・・・7cm×13cm
絨毛布（用於絨球）・・・4cm×4cm
Ⓛ尺寸
薄針織布・・・12cm×24cm
內襯軟薄紗・・・12cm×24cm
絨球部件・・・1 個
ⓁⓁ尺寸
薄針織布・・・14cm×28cm
內襯軟薄紗・・・14cm×28cm
絨球部件・・・1 個

針織遮耳帽

Ⓜ尺寸
薄針織布・・・8cm×13cm
裡布用抓毛絨・・・5cm×13cm
裡布用軟薄紗・・・5cm×13cm
絨毛布（用於絨球）・・・4cm×4cm
4mm 娃娃用鈕扣・・・2 顆
Ⓛ尺寸
薄針織布・・・13cm×24cm
裡布用抓毛絨・・・7cm×24cm
裡布用軟薄紗・・・7cm×24cm
鈕扣扣繩・・・適量
絨球部件・・・1 個
鈕扣・・・2 顆
ⓁⓁ尺寸
薄針織布・・・16cm×30cm
裡布用抓毛絨・・・9cm×30cm
裡布用軟薄紗・・・9cm×30cm
鈕扣扣繩・・・適量
絨球部件・・・1 個
鈕扣・・・2 顆

費多拉帽

Ⓜ尺寸
不要太薄、自己喜歡的布料、布襯
・・・各 13cm×18cm
裝飾用緞帶和合成皮帶・・・適量
Ⓛ尺寸
不要太薄、自己喜歡的布料、布襯
・・・各 20cm×30cm
裝飾用緞帶和合成皮帶・・・適量
ⓁⓁ尺寸
不要太薄、自己喜歡的布料、布襯
・・・各 23cm×36cm
裝飾用緞帶和合成皮帶・・・適量

帽簷針織帽

Ⓜ尺寸
薄針織布・・・16cm×15cm
硬挺布襯・・・4cm×7cm
裝飾鈕扣・・・2 顆
Ⓛ尺寸
薄針織布・・・23cm×24cm
硬挺布襯・・・6cm×12cm
裝飾鈕扣・・・2 顆
ⓁⓁ尺寸
薄針織布・・・29cm×30cm
硬挺布襯・・・7cm×14cm
裝飾鈕扣・・・2 顆

海軍帽

Ⓜ尺寸
較硬挺的棉布
（布襯）・・・13cm×15cm
斜向布料（同塊布料）・・・2cm×14cm
（斜向剪裁）
Ⓛ尺寸
較硬挺的棉布
（布襯）・・・18cm×26cm
斜向布料（同塊布料）・・・2cm×24cm
（斜向剪裁）
ⓁⓁ尺寸
較硬挺的棉布
（布襯）・・・24cm×32cm
斜向布料（同塊布料）・・・2.5cm×30cm
（斜向剪裁）

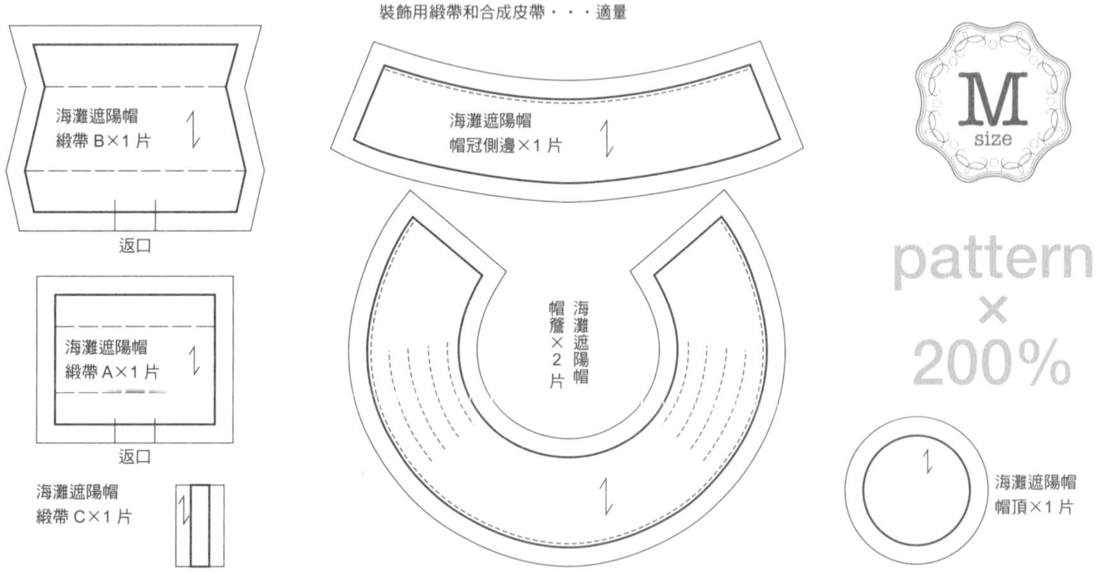

海灘遮陽帽
緞帶 B×1 片
返口
海灘遮陽帽
緞帶 A×1 片
返口
海灘遮陽帽
緞帶 C×1 片
海灘遮陽帽
帽冠側邊×1 片
海灘遮陽帽
帽簷×2 片
M
size
pattern
×
200%
海灘遮陽帽
帽頂×1 片

pattern×200%

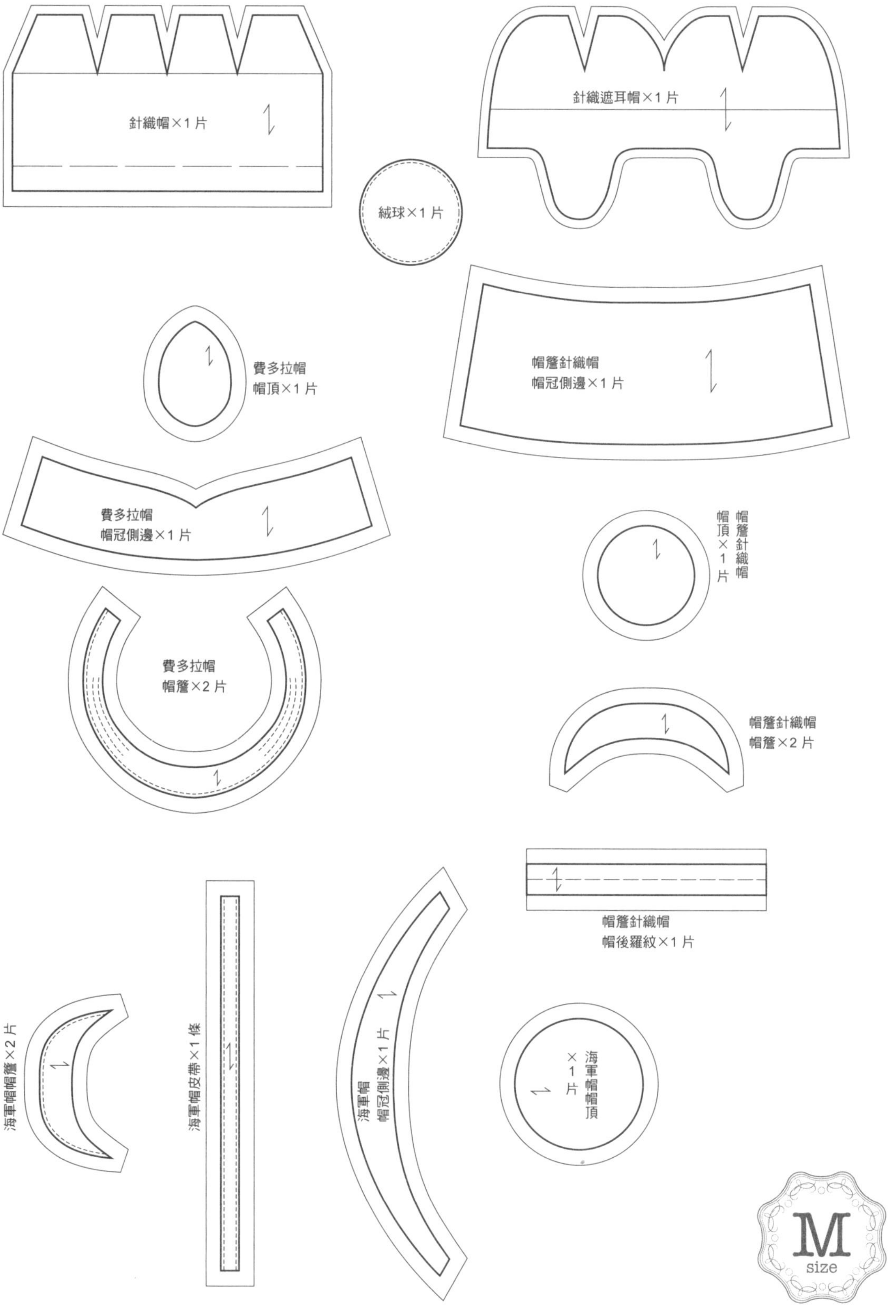
針織帽×1片
針織遮耳帽×1片
絨球×1片
費多拉帽
帽頂×1片
帽簷針織帽
帽冠側邊×1片
費多拉帽
帽冠側邊×1片
帽簷針織帽
帽頂×1片
費多拉帽
帽簷×2片
帽簷針織帽
帽簷×2片
帽簷針織帽
帽後羅紋×1片
海軍帽帽簷×2片
海軍帽皮帶×1條
海軍帽
帽冠側邊×1片
海軍帽帽頂
×1片
M
size

pattern × 200%

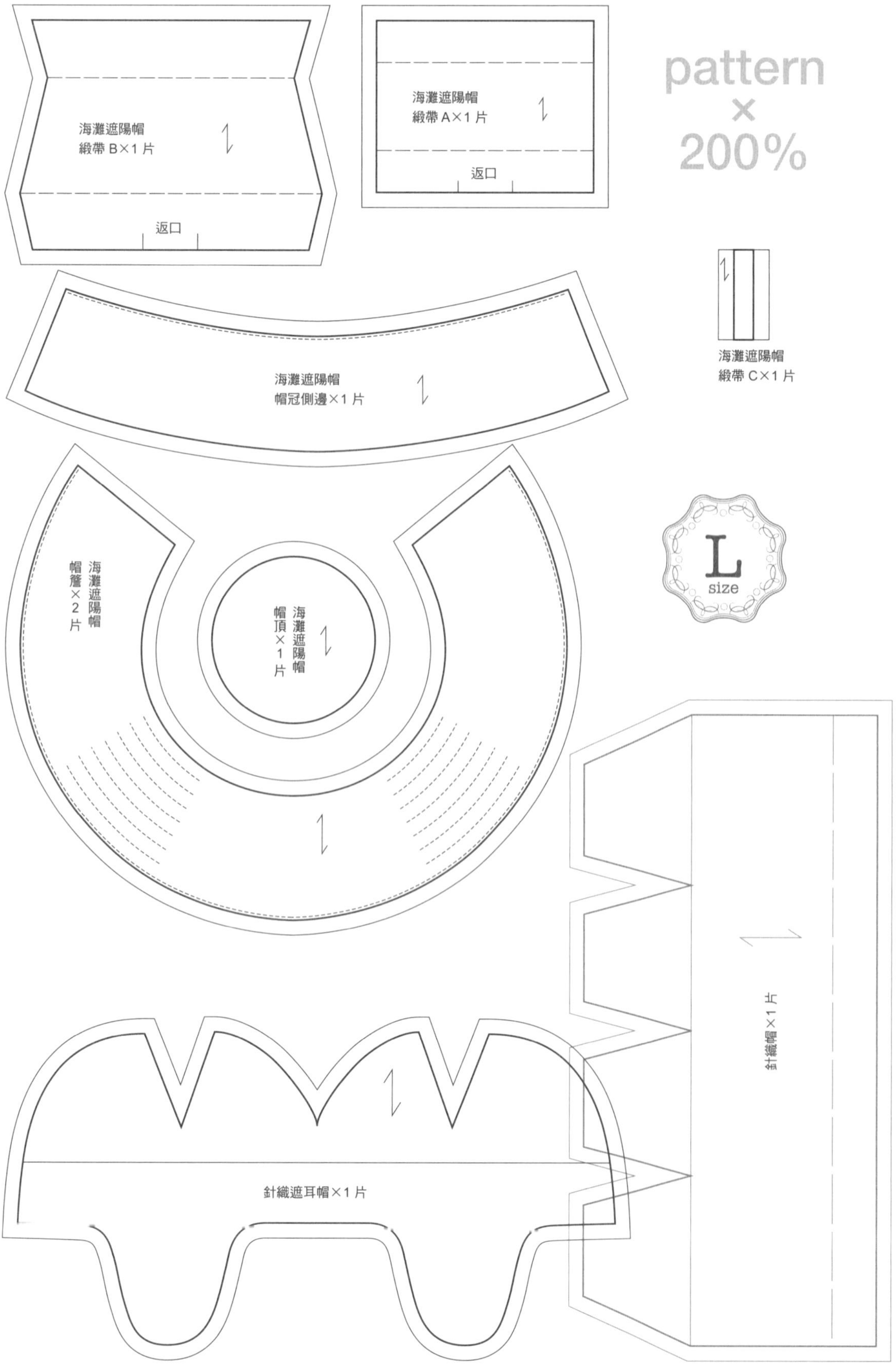
海灘遮陽帽
緞帶 B×1 片
返口
海灘遮陽帽
緞帶 A×1 片
返口
海灘遮陽帽
緞帶 C×1 片
海灘遮陽帽
帽冠側邊×1 片
L size
海灘遮陽帽
帽簷×2 片
海灘遮陽帽
帽頂×1 片
針織帽×1 片
針織遮耳帽×1 片

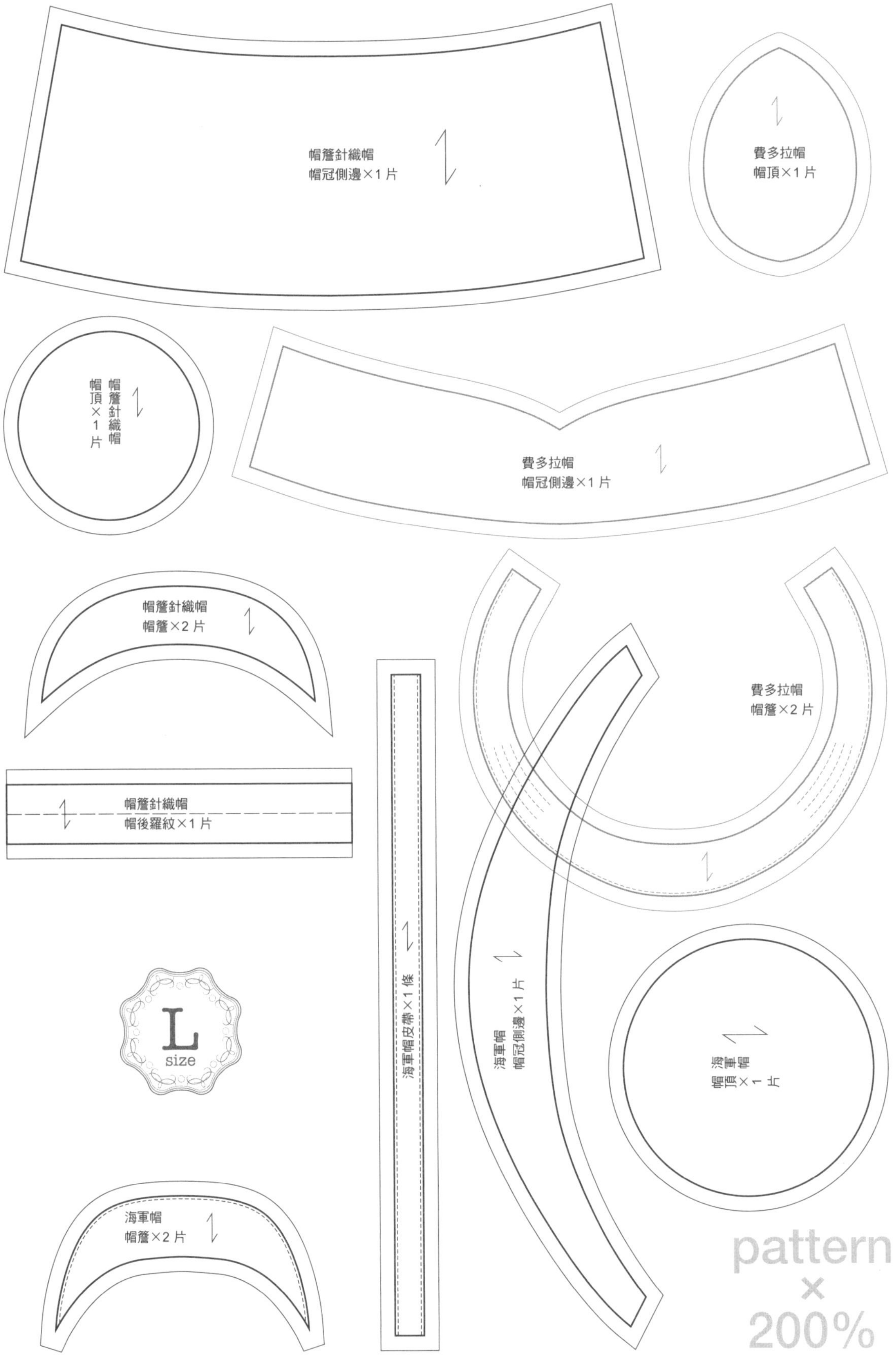
帽簷針織帽
帽冠側邊×1片
費多拉帽
帽頂×1片
帽簷針織帽
帽頂×1片
費多拉帽
帽冠側邊×1片
帽簷針織帽
帽簷×2片
費多拉帽
帽簷×2片
帽簷針織帽
帽後羅紋×1片
L
size
海軍帽皮帶×1條
海軍帽
帽冠側邊×1片
海軍帽
帽頂×1片
海軍帽
帽簷×2片
pattern
×
200%

pattern × 200%

LL size

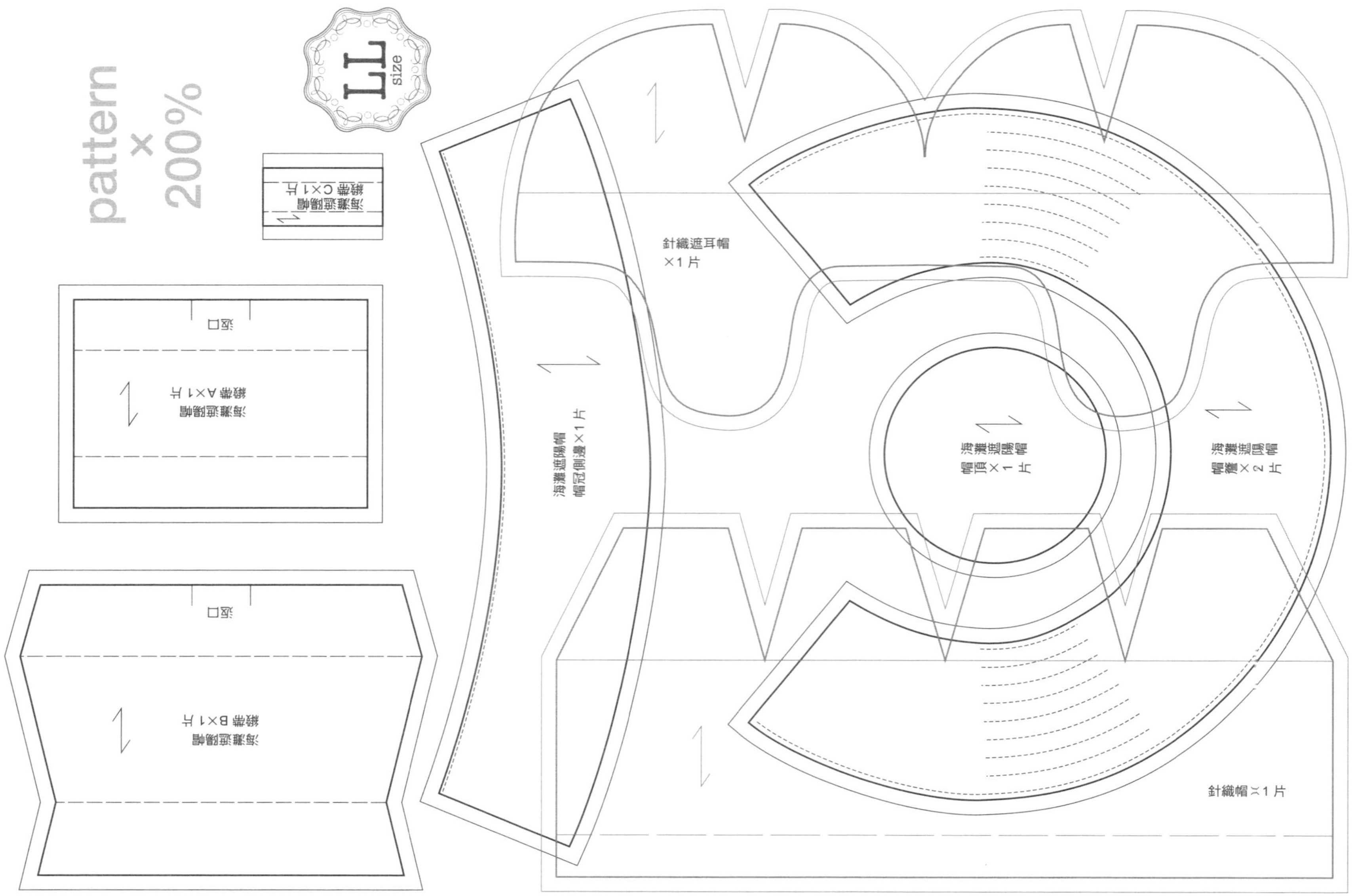

海灘遮陽帽
緞帶C×1片
海灘遮陽帽
緞帶A×1片
返口
海灘遮陽帽
緞帶B×1片
返口
海灘遮陽帽
帽冠側邊×1片
針織遮耳帽
×1片
海灘遮陽帽
帽頂×1片
海灘遮陽帽
帽簷×2片
針織帽×1片

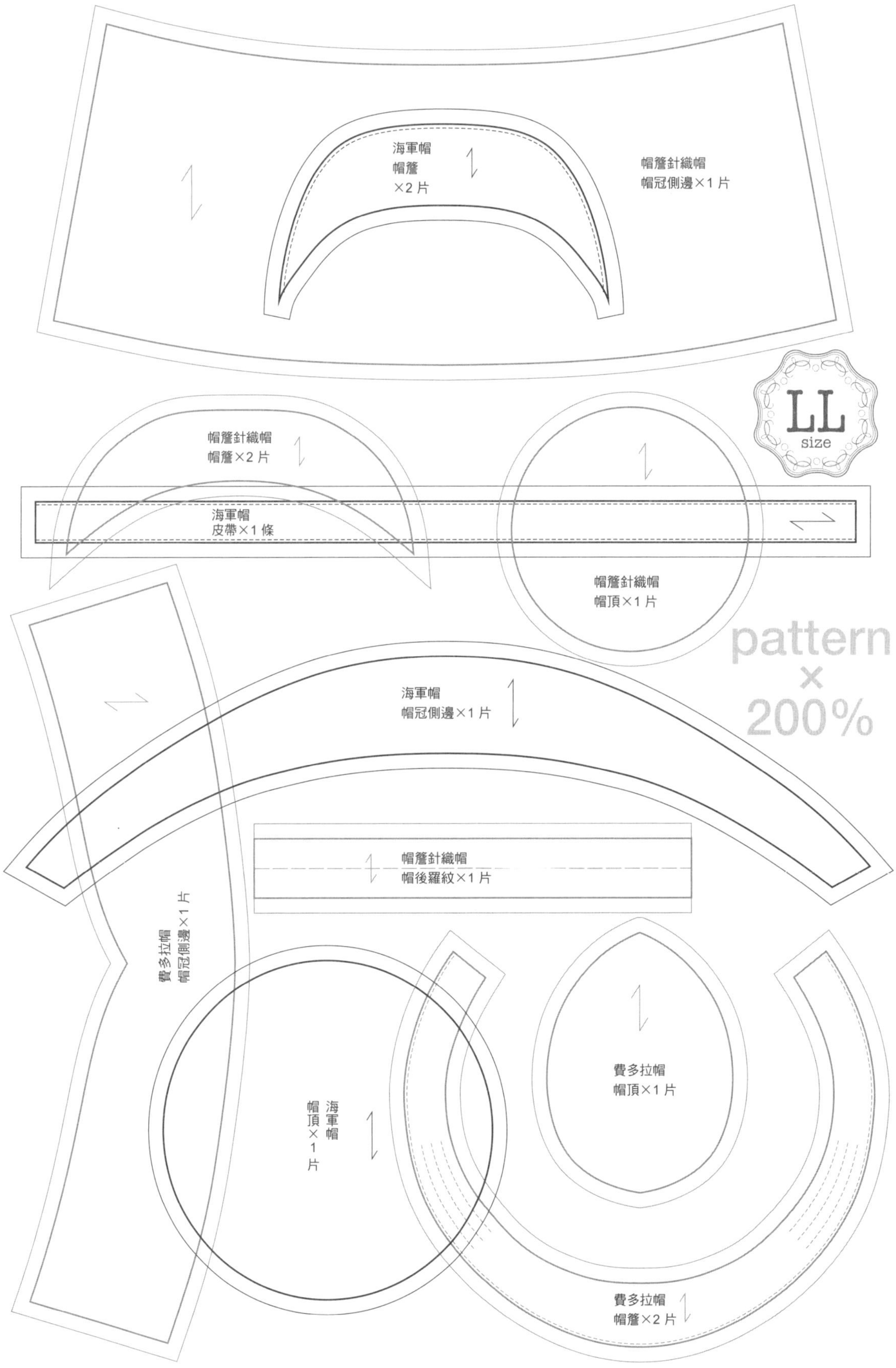
LL size
pattern × 200%
海軍帽
帽簷
×2片
帽簷針織帽
帽冠側邊×1片
帽簷針織帽
帽簷×2片
海軍帽
皮帶×1條
帽簷針織帽
帽頂×1片
海軍帽
帽冠側邊×1片
帽簷針織帽
帽後羅紋×1片
費多拉帽
帽冠側邊×1片
海軍帽
帽頂×1片
費多拉帽
帽頂×1片
費多拉帽
帽簷×2片

作者簡介

関口妙子（F.L.C.）

2001 年起開始從事人形服裝製作，目前與 PetWORKs、SEKIGUCHI、AZONE INTERNATIONAL 等合作娃娃服裝的設計與紙型製作，同時自創品牌（F.L.C.）製作原創服飾。
著作有『娃娃造型服飾裁縫入門手冊』等系列書籍（北星圖書公司出版中文版〔袖珍人偶娃娃造型服飾裁縫手冊：從基礎入門到應用修改〕）。
最新著作為『典藏娃娃造型服飾裁縫手冊』（皆由 Graphic-sha 公司出版）。
https://flc.theblog.me/

staff

編輯
project breeder

攝影
五十嵐糀
加藤TAKAMITSU（tosakaking studio）

AD
炭谷賢

model
momoko DOLL
momoko™©PetWORKs Co.,Ltd. Produced by Sekiguchi Co.,Ltd. www.momokodoll.com

協力
PetWORKs DOLL DIVISION　Sekiguchi　hhstyle.com

本書使用的攝影小物、布景、娃娃等，皆為作者個人收藏、租借物品、作者本人客製品，目前皆已無販售。敬請與各廠商洽詢。

國家圖書館出版品預行編目(CIP)資料

迷你造型配件縫製手冊：袖珍小包&時尚小帽 / 関口妙子著；黃姿頤翻譯. -- 新北市：北星圖書, 2020.10
面；　公分
ISBN 978-957-9559-50-8(平裝)

1.手工藝

426.7　　109007890

迷你造型配件縫製手冊
袖珍小包&時尚小帽

作　　者／関口妙子
翻　　譯／黃姿頤
發 行 人／陳偉祥
發　　行／北星圖書事業股份有限公司
地　　址／234 新北市永和區中正路 462 號 B1
電　　話／886-2-29229000
傳　　真／886-2-29229041
網　　址／www.nsbooks.com.tw
E-MAIL／nsbook@nsbooks.com.tw
劃撥帳戶／北星文化事業有限公司
劃撥帳號／50042987
製版印刷／皇甫彩藝印刷股份有限公司
出 版 日／2020 年 10 月
I S B N／978-957-9559-50-8
定　　價／380 元

如有缺頁或裝訂錯誤，請寄回更換。

This book was first designed and published in Japan in 2013 by Graphic-sha Publishing Co., Ltd.
This Complex Chinese was published in 2020 by NORTH STAR BOOKS CO., LTD
Original edition creative staff:
Editing: Project Breeder
Photography: Momiji Igarashi, Takamitsu Kato (tosakaking studio)
AD: Ken Sumitani
Model: momoko Doll
momoko™ © PetWORKS Co., Ltd. Produced by Sekiguchi Co., Ltd. www.momokodoll.com
Cooperation
PetWORKS DOLL DIVISION, Sekiguchi, hhstyle.com, PetWORKs Store Global

臉書粉絲專頁　　LINE 官方帳號